现代工程造价计价与管理创新探索

杨英荣　叶　丹　耿亚杰◎著

吉林科学技术出版社

图书在版编目（CIP）数据

现代工程造价计价与管理创新探索 / 杨英荣，叶丹，耿亚杰著. -- 长春 : 吉林科学技术出版社，2023.3
ISBN 978-7-5744-0181-5

Ⅰ. ①现… Ⅱ. ①杨… ②叶… ③耿… Ⅲ. ①建筑造价管理－研究 Ⅳ. ①TU723.31

中国国家版本馆CIP数据核字(2023)第056475号

现代工程造价计价与管理创新探索

作　　者　杨英荣　叶　丹　耿亚杰
出 版 人　宛　霞
责任编辑　管思梦
幅面尺寸　185mm×260mm　1/16
字　　数　305千字
印　　张　13.5
印　　数　1—200册
版　　次　2023年3月第1版
印　　次　2023年3月第1次印刷

出　　版　吉林科学技术出版社
发　　行　吉林科学技术出版社
地　　址　长春市净月区福祉大路5788号
邮　　编　130118
发行部电话/传真　0431-81629529　81629530　81629531
　　　　　　　　81629532　81629533　81629534
储运部电话　0431-86059116
编辑部电话　0431-81629518
印　　刷　北京四海锦诚印刷技术有限公司

书　　号　ISBN 978-7-5744-0181-5
定　　价　80.00元

前言

工程是一个重要的项目，在任何经济体制下都存在一定的造价计价模式。工程造价是工程投资建设项目中的一个重要指标，直接影响着投资者的投资收益。工程造价的计价与控制是一门学科，它是以建设项目、单项工程以及单位工程为对象，主要研究其在工程建设的前期、工程施工以及工程竣工全过程的计算和控制工程造价的理论、方法甚至工程造价的经济规律。随着经济社会的不断发展，工程施工企业之间的市场竞争日益激烈，对工程造价计价进行控制已经成为现代工程管理的重要环节。做好工程造价计价控制管理工作，能够提高资金利用效率，提升工程质量以及增加经济收益。

本书是现代工程造价计价与管理创新探索方向的著作，本书简要介绍了工程造价计价概论、工程计价依据、工程决策阶段造价管理等相关内容。另外介绍了设计阶段的工程造价管理，还对建设工程招标投标阶段工程造价管理、建设工程施工阶段工程造价管理、建设项目竣工验收及后评价阶段工程造价管理做了一定的介绍。希望本书可以让工程造价管理人员快速、全面地了解工程造价管理的方法。本书着重突出实用性，期望本书帮助其工作者在应用中少走弯路，运用科学方法，提高效率。对工程造价管理的创新有一定的借鉴意义。

在本书的策划和编写过程中，曾参阅了国内外有关的大量文献和资料，从中得到启示；同时也得到了有关领导、同事、朋友及学生的大力支持与帮助。在此致以衷心的感谢。由于编者学识水平和时间所限，本书的选材和编写还有一些不尽如人意的地方，难免存在缺点，敬请同行专家及读者指正，以便进一步完善提高。

目录

第一章　工程造价计价概论

第一节　工程造价计价概述

一、工程造价计价的含义与特点

（一）工程造价与工程计价的含义

1. 工程造价的含义

随着我国工程造价管理及其基本制度的建立与完善，工程造价及其相关术语的内涵也在不断地充实与发展。为了促进工程造价专业术语规范化，便于国际交流，中国建设工程造价管理协会会同有关单位编制了《工程造价术语标准》。该标准将工程造价定义为，工程项目在建设期预计或实际支出的建设费用。依据该标准对工程造价及其相关术语的定义，可以认为工程造价包含两个相互区别又相互联系的含义：①工程造价就是工程项目从投资决策开始到竣工投产所需的建设费用，可以指建设费用中的某个组成部分，如建筑安装工程费，也可以是所有建设费用的总和，如建设投资和建设期利息之和。②工程造价就是工程价格，即建设一项工程预计或实际在土地、设备、技术劳务市场以及承包市场等交易活动中所形成的工程价格。按照工程项目所指范围的不同，工程价格可以是一个建设项目的造价，一个或多个单项工程或单位工程的造价，以及一个或多个分部分项工程的造价。

显然，含义①所指的工程建设费用是从投资者，即业主的角度来定义的。与之对应的工程造价管理实质也就是具体工程项目的投资管理。管理的环节包括：优选建设方案，控制建设标准，优化设计，合理确定工程投资估算、设计概算、施工图预算，搞好招标、优选各类工作的承包、承建单位，合理确定承发包价格和加强合同管理，控制好业主方自身的开支标准，优化建设资金的运作等。含义②所指的工程价格是对应于承发包双方，即业主和承包商双方而言的，在这种意义上的工程造价管理属于价格管理的范畴。管理的基本目标是：采取各种有效措施保证实现价格的公平合理，实现企业自主报价和市场形成价格的机制。由于工程价格的确定也是建设成本管理上的一个重要环节，因此，它同时也是服务于含义①下的工程造价管理工作的，故两个含义既有区别也有联系。

工程建设费用的外延是全方位的，即工程建设所需的全部费用；而工程价格涵盖的范围则随工程发承包范围的不同有较大的差异，在实务操作中，工程发承包范围可以是涵盖范围很广的一个建设项目，也可以是一个单项工程或一个单位工程，甚至可以是整个建设工程中的某个阶段，如土地开发工程、建筑安装工程、装饰工程，或者其中的某个组成部分。此外，工程价格涵盖的范围即使对“交钥匙”工程而言也不是全方位的，如建设项目的贷款利息、建设单位的管理费等一般都不纳入工程发承包范围。因此，我们可以这样理解：在总体数额及内容组成等方面，工程建设费用总是大于工程价格的总和。

分清工程造价的两种含义和两个主题：一是为了保持概念在内涵和外延上的清晰，遵守同一律，避免人们在相互沟通上的矛盾；二是为了明确在工程造价管理的总体工作上必须着眼于两个主题，不能单一化。

2. 工程计价的含义

工程计价是对工程造价及其构成内容，按照法律法规和标准（可以是国家标准、地方标准和企业标准）等规定的程序、方法，依据相应的工程计价依据、设计文件等工程技术资料进行预测或确定的行为。

在投资决策阶段，工程计价是指投资估算的编制；在设计阶段，工程计价是指设计概算和施工图预算的编制；在招投标阶段，工程计价是指招标控制价、标底和投标报价的编制；在施工阶段，工程计价是指竣工结算的编制；在竣工验收阶段，工程计价是指竣工决算的编制等。

总之，在设计阶段及其以前，工程计价是对工程造价的预测，在交易阶段及其以后是对工程造价的确定。

（二）建筑安装工程造价的含义

建筑安装工程造价是工程造价的重要组成。从投资者角度看，建筑安装工程造价是建设项目投资中的建筑安装工程投资；从市场角度看，建筑安装工程造价是业主和建筑安装施工企业在建筑市场交易活动中形成的建筑安装产品的价格。

建筑安装工程造价在项目的固定资产投资中占有50%~60%的份额，是工程建设中最活跃的部分，也是比较典型的生产领域价格。在建筑市场上，建筑安装施工企业所生产的产品作为商品，既有使用价值，也有价值，与一般商品相同，它的价值也由 C+V+M 构成，但由于建筑安装产品的生产与管理具有独特的技术经济特点，例如，一次投资量大、生产周期长，露天作业易受自然地理气候条件影响，以及重视过程管理、参与管理方多和协调工作量大等，使其在交易方式、计价方法、价格构成以及付款方式上都存在许多特点。由此，研究建筑安装工程造价的计价是研究整个工程造价计价的核心工作。

（三）工程造价的计价特点

工程造价的构成具有一般商品价格的共性，即由工程成本及费用、利润和税金组成，但其价格形成过程与机制却由于工程项目本身及其建设过程具有独特的技术经济特点而与一般商品有较大的差异，从而使其计价具有以下显著特点：

1. 单件性计价

每一个工程项目都有特定的用途以及特定的建设地点、建设标准和建设规模，从而具有其独特的建筑形式和结构形式，要求以不同工种类型与人数、不同的技术装备及组织管理方式进行生产，需要单独设计、单独施工。即使是功能要求、建筑形式及结构形式相同的项目，如同类标准工业厂房、住宅小区中同类住宅等，也由于其建设地点的地形、地质、水文和气象等自然条件及交通运输和材料供应等社会条件不同，构成工程费用的价值要素差异较大，最终导致工程造价不能像其他工业产品那样按品种、规格和质量成批地确定，只能通过特殊的计价程序和计价方式就各个工程项目计算，从而使工程估价具有单件性计价的特点。

2. 多次性计价

任何一项工程从项目策划→前期研究→决策→设计→施工→竣工交付使用都需要经历一个较长的过程，影响工程造价的因素很多，在决策阶段确定工程投资（价格）的规模后，工程价格随着工程的实施不断变化，直至竣工验收工程决算后才能最终确定工程价格。为了适应项目管理的要求，合理确定和有效控制工程造价，需要按照建设阶段动态跟踪调整造价，多次进行计价。从投资估算、设计概算和施工图预算到招标承包合同价，再到工程结算和最后在竣工结算价基础上编制的竣工决算，它们在各个阶段的投入和控制范围以及计价内容虽有所不同，但其相互之间紧密相连，整个计价过程是一个由粗到细、由浅到深确定工程实际造价的过程，各个环节之间相互衔接，前者制约后者，后者补充前者。

（1）投资估算

投资估算是以方案设计或可行性研究文件为依据，按照规定的程序、方法和依据，对拟建项目所需总投资及其构成进行的预测和估计。它是论证拟建项目在经济上是否合理的重要文件，也是投资决策、建设资金筹措和工程造价控制的主要依据。投资估算必须按照可行性研究报告或核准申请报告确定的建设规模、建设内容、建设标准、主要设备选型、建设条件和建设工期，在优化建设方案的基础上，根据有关投资估算指标等，以编制期估算的价格进行编制。

（2）设计概算及修正设计概算

设计概算是以初步设计文件为依据，按照规定的程序、方法和依据，对建设项目总投资及其构成进行的概略计算；修正设计概算是指在采用三阶段设计的技术设计阶段，根据技术设计的要求，在概算造价的控制下，对设计概算进行修改调整，使概算造价更加准确的经济文件。

（3）施工图预算

施工图预算是以施工图设计文件为依据，按照规定的程序、方法和依据，在工程施工前对工程项目的工程费用进行的预测与计算。

（4）承包合同价

承包合同价是指在工程发承包阶段，在投资估算（“交钥匙”发包，我国现阶段较少）或设计概算（初步设计完成后发包）、施工图预算（施工图设计完成后发包）的控制下，通过投标竞争后确定中标单位，签订工程总承包合同、建筑安装工程承包合同、设备材料采购及技术和咨询服务类合同所确定的价格。承包合同价的内涵随发承包的范围、内容和计价方法的不同有较大差异。

（5）工程结算

工程结算是发承包双方根据国家有关法律、法规规定和合同约定，对合同工程实施中、终止时、已完工后的工程项目进行的合同价款计算、调整和确认。竣工结算是发承包双方根据国家有关法律、法规规定和合同约定，在承包人完成合同约定的全部工作后，对最终工程价款的调整和确定。

（6）竣工决算

竣工决算是指在竣工验收后，由建设单位编制的建设项目从筹建到建设投产或使用的全部实际成本的技术经济文件。它是建设投资管理的重要环节，是工程竣工验收和交付使用的重要依据，也是进行建设项目财务总结和银行对其实行监督的必要手段。

3. 按工程分解结构计价

建设项目是指在一个总体设计或初步设计范围内，实行统一核算和统一管理，由一个或几个相互关联的单项工程组成的工程综合体。由于工程项目具有体积庞大、生产周期长、个体差异大和价值高以及交易在先、生产在后等技术经济特点，不能直接根据整个建设项目确定价格，必须对其进行结构分解，即将建设项目分解为一个或若干个具有独立意义的、能够发挥功能要求的单项工程；再将单项工程分解为一个或若干个能够独立设计、独立施工建设的单位工程；由于作为单位工程的各类建筑工程和安装工程仍然是一个比较复杂的综合实体，还需要进一步分解为分部工程；从方便、合理计价的角度来看，还需要把分部工程划分为既能够用较为简单的施工过程生产出来，又可以用适当的计量单位计算并便于测定或计算的工程的基本构造要素，即假定的建筑安装产品——分项工程。最后以分项工程为基本构造要素，以适当的计量单位和合适的计价方法，计算和确定分项工程造价，再逐层汇总得出分部工程、单位工程、单项工程直至整个建设项目工程的造价。

二、现代工程项目管理理论与工程造价计价

（一）工程项目管理整体化理论与工程造价计价

1. 工程项目管理整体化理论的提出

随着社会经济和技术的不断发展，工程建设投资规模不断增长，工程项目越来越庞大、越来越复杂，工程建设的劳动分工和专业化也在不断增强，工程项目被具有不同目标和经营策略的经营单位进行了“结构解体”。这种“结构解体”使工程项目参与方的整体化思维和行为方式受到限制，也使各参与方为了追求自己的功利目标而很容易忽略建筑产品使用者的愿望和要求以及社会的公众利益。在以高科技、网络化、低能耗和可持续发展为标志的知识经济来临之际，人们通过对工程项目被“结构解体”这种趋势的反思，逐渐形成了工程项目管理整体化的基本理念。通过工程项目管理的整体化，可以采用先进的制造系统技术实现工程项目的集成化管理，克服传统项目管理主要着重项目实施环节，更多地站在项目实施方的立场上分析如何才能更好地完成项目，而忽略与工程建设密切相关的其他各方（如设计方、承包方、监理方和用户方等）利益的不足，实现项目参与方以整体化的思维和行为方式，使自身和项目参与其他各方都得到最大的满意度及项目目标的综合最优化，从而提高生产效率和工程项目的综合效益。

质量、进度和成本是工程项目管理的三大目标。三者之间是一个相互制约并且相互影响的统一体，其中一个目标的变化，势必会引起另一个目标的变化。一般来说，要求成本低，质量就不可能达到最佳，工期也较长；要求质量高，成本也就较高，工期也相对较长；要求工期短，要保证质量，成本就会较高。传统的项目管理通常是对三个目标分别管理，相互之间缺乏紧密的联系，这就给“三大目标”的实现带来了很多的问题，例如，估

价时未充分考虑进度和质量要求，导致估价过低；资金不足不能保证进度和质量目标；因施工中出现质量和赶工问题，导致成本结算时严重超支；由于赶工引发潜在的质量问题等。因此，进行质量、进度和成本的整合控制是现代工程项目管理迫切需要解决的问题。现代计算机技术的发展也为实现“三大目标”的整合控制提供了条件：利用计算机技术把网络进度计划和工程造价有机地结合起来，对一个项目绘制出各种性质的关于进度的成本流曲线，包括计划成本流曲线、实际消耗成本流曲线，就可以对工程进度和成本进行跟踪监控和整合管理。

2. 工程项目管理整体化的基本理论

工程项目管理整体化理论要求工程项目管理要有全局的整合观念，整合观念主要体现在如下三个相互密切关联的方面：

（1）目标整合

目标整合包括目标大三角整合和目标小三角整合。

①目标大三角整合是指工程项目管理要为项目业主进行包括系统—组织—人员在内的全目标整合，以期既实现业主的需求，又充分考虑工程建设参与各方的合理利益。②目标小三角整合是指合理确定工程质量、进度和成本这三个既互相关联又互相矛盾的目标。例如，在达到规定质量标准的前提下，在进度和成本目标之间做出权衡；或在达到规定进度要求的前提下，在质量和成本目标之间做出权衡；或在成本一定的前提下，在质量和进度目标之间做出权衡。

（2）方案整合

不同的技术和管理方案，对不同的工程建设参与方和不同的项目目标会有不同的影响，例如，选用方案一可能对业主更为有利，而对承包商却略有不利，对实现质量目标更为有利，对实现进度要求则略显不利；但选用方案二则完全相反。在这种情况下，工程项目管理就要对各种方案加以整合，权衡各方面的利弊，找出可接受的方案，或取长补短找出折中方案，尽可能地满足工程建设参与各方的需求。

（3）过程整合

工程项目管理是一个整体化过程。各组管理过程与项目生命期的各个阶段有紧密的联系，在各组管理过程中，有三个关键性的过程需要做的整合工作最多，它们是项目计划、项目执行和整体变更控制。

①项目计划过程要求把各个知识领域的计划过程的成果整合起来，包括范围规划、质量规划、组织计划、人力资源计划和采购计划等，形成一个首尾连贯、协调一致并且条理清晰的文件。②项目执行过程要求对项目中各个分项、各种技术和各个部门之间的界面进行管理，对这些界面往往需要协调和整合较多的矛盾和冲突，使计划得以较顺利

地实施。③整体变更控制过程是处理项目执行相对于项目计划的或多或少的偏离。为了控制和纠正这些偏离，需要采取变更措施。评价变更是否必要和合理，预测变更带来的影响和后果，都具有很强的综合性和整体性，例如，项目范围的任何变更都会引起成本、进度以及风险程度等的变化。因此，任何变更都要求多方面的整合，以确保符合项目目标的要求。

3. 工程项目管理整体化理论对工程造价计价的要求

工程项目管理整体化理论中的目标大三角整合要求工程造价计价人员在工程建设投资开始之前，首先分析工程对象可能存在的风险，以及工程参与各方谁最有能力、最适合承担何种风险，以项目整体风险最小的原则将风险公平地分配给工程建设参与各方，并合理确定相应的风险费用，使工程造价计价能公正、公平、公开和合理“多赢”；目标小三角整合要求工程造价计价人员首先要根据项目的特点和总体要求合理拟定“三大目标”，然后在既定目标控制下综合考虑质量、工期与成本的关系，合理确定质量、工期和成本。一般来说，在合理确定工程质量和进度目标后，质量控制以预防为主，适当增加质量预防费的支出，可以提高工程质量，杜绝事故的发生，其支出远小于因质量事故造成的损失；同样，正确处理工期与成本关系，寻找最佳工期点成本，把工期成本控制在最低点，都会使工程造价的计价更加合理。

工程项目管理整体化理论中的技术方案整合，要求工程造价计价人员协助工程设计与施工人员合理选择和优化设计与施工方案，确定与之对应的科学、合理的工程造价；管理方案整合要求工程造价计价人员合理选择招标方式、划分合同标包、选用合同形式、拟定合同条款、制定科学的评标定标办法以及加强工程预、结、决算管理，使工程造价构成及计价更为科学、真实。

工程项目管理整体化理论中的过程整合要求工程造价计价人员在工程建设全过程中，合理编制投资估算、设计概算、施工图预算、招标控制价及报价，本着实事求是的原则合理确定和调整合同价款，规范处理索赔和签证工作，及时办理工程结算，使工程造价计价更为客观、规范。

（二）全寿命周期成本管理理论与工程造价计价

1. 全寿命周期成本管理理论的提出

现代项目管理的任务不仅是执行项目，还包括开发项目和经营项目，即对项目的生命周期——项目构思决策、勘察设计、招投标、施工、竣工及运行与维护全过程——进行管理。显然，当代项目管理是扩展了的广义概念，它更加面向市场和竞争，注重人的因素，注重顾客，注重柔性管理，这就对传统的“三大目标”的管理提出了新的要求，因此，从项目全寿命周期以及项目参与各方都能得到最大的满意度出发，研究工程造价计价的内容及方法，对合理确定和有效控制工程造价有非常重大的意义。

建筑和交通的发展越来越快，节能的重点已经从工业逐渐转向建筑业和交通，对于建筑领域，政府已着手在标准的制定、修订和执行，包括商用建筑空调系统的节能改造和技术推广等环节增加了节能措施，如采用热泵技术、回收预热的空调技术和绿色照明工程等。因此，从节能和可持续发展角度，工程造价计价必须考虑实施全寿命周期成本管理对其的影响，才能更为科学、合理。

2. 全寿命周期成本的基本概念

工程全寿命周期成本是指在工程设计、开发、建造、使用、维修和报废等过程中发生的全部费用，也是该项工程在其确定的全寿命周期内或在预定的有效期内所须支付的研究开发费、制造安装费、运行维修费和报废回收费等费用的总和。全寿命周期成本管理理论认为：工程全寿命周期成本不仅应包括资金意义上的成本，还应包括环境成本和社会成本。

（1）工程全寿命周期资金成本

工程全寿命周期资金成本，也就是人们常说的经济成本、财务成本，它是指工程项目从项目构思到项目建成投入使用，直至工程寿命终结全过程，所发生的一切可直接体现为资金耗费的投入的总和，包括建设成本和使用成本。建设成本是指建筑产品从筹建到竣工验收为止所投入的全部成本费用。使用成本则是指建筑产品在使用过程中发生的各种费用，包括各种能耗成本、维护成本和管理成本等。从其性质上说，工程全寿命周期资金成本投入可以是资金的直接投入，也包括资源性投入，如人力资源和自然资源等；从其投入时间上说，可以是一次性投入（如建设成本），也可以是分批、连续投入（如使用成本）。

（2）工程全寿命周期环境成本

根据国际标准化组织环境管理系列精神，工程全寿命周期环境成本是指工程产品系列在其全寿命周期内对于环境的潜在和显在的不利影响。工程建设对于环境的影响可能是正面的，也可能是负面的，前者体现为某种形式的收益，后者则体现为某种形式的成本。在分析和计算环境成本时，应对环境影响进行分析甄别，剔除不属于成本的系列。由于环境成本并不直接体现为某种货币化数值，必须借助其他技术手段将环境影响货币化，这是计量环境成本的一个难点。

（3）工程全寿命周期社会成本

工程全寿命周期社会成本是指工程产品在从项目构思、产品建成投入使用直至报废不堪再用全过程中对社会的不利影响。与环境成本一样，工程建设及工程产品对于社会的影响既可以是正面的，也可以是负面的，因此，也必须对其进行甄别，剔除不属于成本的系列。例如，如果建设某个工程项目可以增加社会就业率，有助于社会安定，这种影响就不应计算为成本；如果建设某个工程项目会增加社会的运行成本，例如，由于工程建设引起大规模的移民，可能增加社会的不安定因素，这种影响就应计算为成本。

3. 全寿命周期成本管理理论对工程造价计价的要求

长期以来，人们总是把建设成本和使用成本分别加以管理，而全寿命周期成本管理理论要求把两者结合起来作为全寿命周期成本进行综合管理。这种必要性在强调社会和经济可持续发展的今天变得越来越突出。由于建设成本在建设项目开发设计阶段就基本上决定了，为了节省使用成本，也许值得多花费一些建设成本，因此，在项目建设阶段就应该进行透彻的研究，是减少使用成本好，还是减少建设成本而将费用转移到使用成本方面更为适宜，对此要加以权衡，找出整个系统的最佳平衡，使总费用达到最低。总之，仅从局部一部分一部分地考虑费用是不够的，更重要的是要从总体的角度进行研究。在使工程项目具备规定性能的前提下，要尽可能使建设成本和使用成本的总和达到最低，可以说，这正是研究全寿命周期成本最佳的途径。

全寿命周期成本分析又称为全寿命周期成本评价，它是指为了从各个可行方案中筛选出最佳方案以有效地利用稀缺资源，而对项目方案进行系统分析的过程或者活动。换言之，“全寿命周期成本评价是为了使用户所用的系统具有经济全寿命周期成本，在系统的开发阶段将全寿命周期成本作为设计的参数，而对系统进行彻底的分析比较后做出决策的方法”。

在通常情况下，须从追求全寿命周期成本最低的立场出发：首先，确定全寿命周期成本的各要素，把各要素的成本降低到普通水平；其次，将建设成本和使用成本两者进行权衡，以便确定研究的侧重点从而使总费用更为经济；最后，再从全寿命周期成本和系统效率的关系这个角度进行研究。此外，由于全寿命周期成本是在长时期内发生的，因此，对费用发生的时间顺序必须加以掌握。器材和劳务费用的价格一般都会发生波动，在估算时要对此加以考虑。同时，在全寿命周期成本分析中必须考虑“资金时间价值”。

全寿命周期成本管理理论要求工程造价计价人员在工作中要有全局概念，能协助建设单位和设计人员从全寿命周期成本管理角度，合理选择投资方向，科学拟订设计方案，正确处理建设成本和使用成本的关系，综合考虑社会成本和环境成本对建设项目总成本的影响，从更高层次的角度处理好工程造价的计价与管理工作。

第二节　建设工程造价的构成

一、概述

（一）建设项目总投资及其构成

1. 建设项目总投资及其相关概念

（1）建设项目总投资

建设项目总投资的概念历来存在很多互相矛盾的解释，在《建设项目投资估算编审规程》中，建设项目总投资是指为完成工程项目建设并达到使用要求或生产条件，在建设期内预计或实际投入的全部费用总和，包括项目建设期用于项目的建设投资、建设期利息、固定资产投资方向调节税、流动资金。建设项目总投资的各项费用按资产属性分别形成固定资产、无形资产和其他资产（递延资产）。

（2）建设投资

习惯上常用的建设投资是指为完成工程项目建设，在建设期内投入且形成现金流出的全部费用，包括工程费用、工程建设其他费用和预备费，不包括在建设阶段未形成现金流出的建设期利息以及未直接投入工程建设活动中的流动资金。

《投资项目可行性研究指南》中的建设投资含义较广，包括上述的建设投资内容及建设期利息，而将上述建设投资称为不含建设期利息的建设投资。但无论名称如何，实际工作中投资估算的第一步必须是先估算不含建设期利息的建设投资，然后才能根据资金筹措方案估算建设期利息，再得到《投资项目可行性研究指南》所称的建设投资。随着资金筹措方案的不同，《投资项目可行性研究指南》所称的建设投资也发生了变化，但不含建设期利息的建设投资只与项目方案设计有关，与资金筹措方案的变化无关。

（3）静态投资与动态投资

按是否考虑资金的时间价值投资又可分为静态投资与动态投资。

静态投资包括工程费用、工程建设其他费和基本预备费，是以某一基准期建设要素的价格为依据所计算出的建设投资。静态投资是具有一定时间性的，应统一按某一确定的时间来计算，特别是遇到估算时间距开工时间较远的项目，一定要以开工前一年为基准年，按照近年的价格指数将编制的静态投资进行适当调整，否则就会失去基准作用，影响投资估算的准确性。

动态投资包括静态投资部分和由价差预备费和建设期利息组成的动态投资部分。动态投资适应了市场价格运行机制的要求，使投资的计划、估算和控制更加符合实际。

2. 建设项目总投资的构成

建设项目总投资由建设投资、建设期利息、固定资产投资方向调节税和流动资金构成，具体内容如表 1-1 所示。

表 1-1　建设项目总投资构成表

<table>
<tr><th colspan="4">费用项目名</th><th>资产类别归并
（限项目经济评价用）</th></tr>
<tr><td rowspan="23">建设项目
总投资</td><td rowspan="20">建设
投资</td><td rowspan="3">第一部分：
工程费用</td><td>建筑工程费</td><td rowspan="16">固定资产费用</td></tr>
<tr><td>设备购置费</td></tr>
<tr><td>安装工程费</td></tr>
<tr><td rowspan="15">第二部分：
工程建设
其他费用</td><td>建设单位管理费</td></tr>
<tr><td>建设用地费</td></tr>
<tr><td>前期工作咨询费</td></tr>
<tr><td>研究试验费</td></tr>
<tr><td>勘察设计费</td></tr>
<tr><td>专项评价及验收费</td></tr>
<tr><td>场地准备及临时设施费</td></tr>
<tr><td>引进技术和进口设备其他费</td></tr>
<tr><td>工程保险费</td></tr>
<tr><td>联合试运转费</td></tr>
<tr><td>特殊设备安全监督检验费</td></tr>
<tr><td>施工队伍调遣费</td></tr>
<tr><td>市政公用设施费</td></tr>
<tr><td>专利及专有技术使用费</td><td>无形资产费用</td></tr>
<tr><td>生产准备费</td><td>其他资产费用（递延资产）</td></tr>
<tr><td rowspan="2">第三部分：
预备费用</td><td>基本预备费</td><td rowspan="2">固定资产费用</td></tr>
<tr><td>价差预备费</td></tr>
<tr><td colspan="3">建设期利息</td><td rowspan="2">固定资产费用</td></tr>
<tr><td colspan="3">固定资产投资方向调节税（暂停征收）</td></tr>
<tr><td colspan="3">流动资金</td><td>流动资产</td></tr>
</table>

（二）建设工程造价的构成

建设工程造价是建设工程项目按照确定的建设内容、建设规模、建设标准、功能要求和使用要求等全部建成并验收合格交付使用所需的全部费用。工程造价的构成应按照工程项目建设过程中各类费用支出或花费的性质、途径等来确定，是通过费用划分和汇集所形成的工程造价的费用分解结构。依据《工程造价术语标准》对工程造价的定义及对生产性和非生产性建设项目总投资构成的解释（生产性建设项目总投资包括工程造价和流动资金，非生产性建设项目总投资一般仅指工程造价），工程造价应由工程费用、工程建设其他费用、预备费和建设期利息构成。

1. 工程费用

工程费用是指建设期内直接用于工程建造、设备购置及其安装的建设投资，包括建筑工程费、安装工程费和设备购置费，是建设投资的主要组成部分。

（1）建筑工程费与安装工程费

建筑工程费在民用建筑中还应包括电气、采暖、通风空调、给排水、通信及建筑智能等建筑设备及其安装工程费。安装工程费是指用于设备、工器具、交通运输设备、生产家具等的安装或组装，以及配套工程安装而发生的全部费用。

建筑工程费与安装工程费也合称为建筑安装工程费。

（2）设备购置费

设备购置费是指为项目建设而购置或自制的，达到固定资产标准的设备、工器具、交通运输设备、生产家具（办公和生活家具费计入工程建设其他费用项下的生产准备费）等的费用。设备购置费中包括设备原价和运杂费。

2. 工程建设其他费用

工程建设其他费用是指建设期发生的与土地使用权取得、整个工程项目建设以及未来生产经营有关的构成建设投资，但不包括在工程费用中的费用。其具体分为三类：第一类指土地使用权购置或取得的费用；第二类指与整个工程建设有关的各类其他费用；第三类指与未来企业生产经营有关的其他费用。

3. 预备费

预备费是指在建设期内因各种不可预见因素的变化而预留的可能增加的费用，包括基本预备费和价差预备费。

（1）基本预备费

基本预备费是指投资估算或工程概算阶段预留的，由于工程实施中不可预见的工程变更及洽商、一般自然灾害处理、地下障碍物处理、超规超限设备运输等而可能增加的费用。其主要包括：①在批准的基础设计和概算范围内增加的设计变更、局部地基处理等费用；②一般自然灾害造成的损失和预防自然灾害所采取措施的费用；③竣工验收时鉴定工程质量对隐蔽工程进行必要开挖和修复的费用；④超规超限设备运输过程中可能增加的费用。

（2）价差预备费

价差预备费是指为在建设期内利率、汇率或价格等因素的变化而预留的可能增加的费用。

4. 建设期利息

建设期利息是指在建设期内发生的为工程项目筹措资金的融资费用及债务资金利息。债务资金包括向国内银行和其他非银行金融机构贷款、出口信贷、外国政府贷款、国际商业银行贷款以及在境内外发行的债券等。融资费用和应计入固定资产原值的利息包括借款（或债券）利息及手续费、承诺费、管理费等。建设期利息要计入固定资产原值。

二、设备购置费的构成

（一）国内采购设备购置费的构成

1. 国内采购设备原价

国内采购设备的出厂（场）价格即国产设备原价。

国产标准设备原价一般是指设备制造厂的交货价，即出厂价。设备的出厂价分两种情况：一种是带有备件的出厂价，另一种是不带备件的出厂价。在计算设备原价时，应按带备件的出厂价计算。如果设备由设备成套公司供应，则应以订货合同价为设备原价。

国产非标准设备原价有多种计价方法，如成本计算法、系列设备插入估价法、分部组合估价法和定额估价法等。无论采用哪种方法，都应该使国产非标准设备原价接近实际出厂价，并且计算方法应简便。如果按成本计算法估价，国产非标准设备原价由以下各项组成：

（1）材料费，其计算公式为：

材料费=材料净重×（1+加工损耗系数）×每吨材料综合价

（2）加工费，包括生产工人工资和工资附加费、燃料动力费、设备折旧费和车间经费等，其计算公式为：

加工费=设备总重量（t）×设备每吨加工费

（3）辅助材料费（简称为辅材费），包括焊条、焊丝、氧气、氯气、氮气、油漆和电石等费用，其计算公式为：

辅助材料费=设备总重量（t）×辅助材料费指标

（4）专用工具费，按照上述（1）～（3）项之和乘以一定百分比计算得出。

（5）废品损失费，按照上述（1）～（4）项之和乘以一定百分比计算得出。

（6）外购配套件费，按设备设计图纸所列的外购配套件的名称、型号、规格、数量和重量，根据相应的价格加运杂费计算。

（7）包装费，按照上述（1）～（6）项之和乘以一定百分比计算得出。

（8）利润，按照上述（1）～（5）项加（7）项之和乘以一定利润率计算得出。

（9）税金，主要指增值税，其计算公式为：

增值税=当期销项税额-当期进项税额

其中，当期销项税额=销售额×适用增值税税率

式中：销售额为上述（1）～（8）项之和。

（10）非标准设备设计费，按照国家规定的设计费标准计算得出。

综上所述，单台国产非标准设备原价可用以下公式表达：

单台国产非标准设备原价={［（材料费+加工费+辅助材料费）×（1+专用工具费率）×（1+废品损失费率）+外购配套件费］×（1+包装费率）-外购配套件费}×（1+利润率）+销项税金+非标准设备设计费+外购配套件费

2. 国产设备运杂费

国产设备运杂费指国内采购设备自来源地运至工地仓库或指定堆放地点发生的采购、运输、运输保险、保管、装卸等费用，一般按设备原价乘以设备运杂费率计算，其中设备运杂费率视具体交通运输情况或按各部门及省、市规定情况确定。

（二）国外采购设备购置费的构成

国外采购设备购置费由设备抵岸价及国内运杂费两部分构成。

1. 国外采购设备抵岸价

国外采购设备抵岸价是指设备抵达买方边境、港口或车站，交纳完各种手续费、税费后形成的价格。

进口设备抵岸价的构成与进口设备的交货方式有关。

（1）进口设备交货方式

进口设备交货方式可分为内陆交货类、目的地交货类和装运港交货类三种。

①内陆交货类

即卖方在出口国内陆的某个地点交货。在交货地点，卖方及时提交合同规定的货物和有关凭证，并负担交货前的一切费用和风险；买方按时接收货物，交付货款，负担交货后的一切费用和风险，并自行办理出口手续和装运出口。货物的所有权也在交货后由卖方转移给买方。

②目的地交货类

即卖方在进口国的港口或内地交货，有目的港船上交货价、目的港船边交货价（FOS）和目的港码头交货价（关税已付）及完税后交货价（进口国的指定地点）等几种交货价。目的地交货类的特点是：买卖双方承担的责任、费用和风险是以目的地约定交货点为界线，只有当卖方在交货点将货物置于买方控制下才视为交货，才能向买方收取货款。这种交货类别对卖方来说须承担的风险较大，在国际贸易中卖方一般不愿采用。

③装运港交货类

即卖方在出口国装运港交货，主要有装运港船上交货价（FOB价，习惯称为离岸价格）、运费在内价（C&F价）以及运费和保险费在内价（CIF价，习惯称为到岸价格）。装运港交货类的特点是：卖方按照约定的时间在装运港交货，只要卖方把合同规定的货物装船并提供货运单据便完成交货任务，可凭单据收回货款。

装运港船上交货价（FOB价）是我国进口设备采用最多的一种货价。采用这种货价时，卖方的责任是：在规定的期限内，负责在合同规定的装运港口将货物装上买方指定的船只，并及时通知买方；负担货物装船前的一切费用和风险，负责办理出口手续；提供出口国政府或有关方面签发的证件；负责提供有关装运单据。买方的责任是：负责租船或订舱，支付运费，并将船期和船名通知卖方；负担货物装船后的一切费用和风险；负责办理保险及支付保险费用，办理在目的港的进口和收货手续；接受卖方提供的有关装运单据，并按合同规定支付货款。

（2）进口设备抵岸价的构成

进口设备如采用装运港船上交货价（FOB价）方式，其抵岸价主要包括货价、国际运费、国外运输保险费、银行财务费、外贸手续费、进口关税、增值税、消费税和海关监管手续费等，其计算公式为：

进口设备抵岸价=货价+国际运费+国外运输保险费+银行财务费+外贸手续费+进口关税+增值税+消费税+海关监管手续费

①货价

一般指装运港船上交货价（FOB价）。设备货价分为原币货价和人民币货价两种，原币货价一律折算为美元表示，人民币货价按照原币货价乘以外汇市场美元兑换人民币中间价确定。进口设备货价按有关生产厂商询价、报价和订货合同价计算。

②国际运费

指从出口国装运港（站）到进口国抵达港（站）的运费。我国进口设备大部分采用海洋运输，小部分采用铁路运输，个别采用航空运输。进口设备国际运费的计算公式为：

国际运费（海、陆、空）= 装运港船上交货价（FOB 价）×
运费率国际运费（海、陆、空）
= 运量×单位运价

式中：运费率或单位运价参照有关部门或进出口公司的规定执行。

③国外运输保险费

是指对外贸易货物运输保险是由保险人（保险公司）与被保险人（出口人或进口人）订立保险契约，在被保险人交付议定的保险费后，保险人根据保险契约的规定对货物在运输过程中发生的承保责任范围内的损失给予经济上的补偿，这是一种财产保险。国外运输保险费即为对外贸易货物运输保险交付的费用，其计算公式为：

国外运输保险费 = ［原币货价（FOB）+国外运费］×运输保险费率

式中：运输保险费率按保险公司规定的进口货物保险费率计算。

④银行财务费

一般指中国银行手续费。该项费用可按下式简化计算：

银行财务费 = 装运港船上交货价（FOB 价）×银行财务费率

式中：银行财务费率按银行相关规定计算。

⑤外贸手续费

指按对外经济贸易部规定的外贸手续费率计取费用，外贸手续费率一般取 1.5%，其计算公式为：

外贸手续费 = ［装运港船上交货价（FOB 价）+国际运费+国际运输保险费］
×外贸手续费率

⑥进口关税

该税是由海关对进出国境或关境的货物和物品征收的税种，其计算公式为：

进口关税 = 到岸价格（CIF 价）×进口关税税率

式中：到岸价格（CIF 价）包括离岸价格（FOB 价）、国际运费和国际运输保险费等费用，它是关税完税价格；进口关税税率分为优惠和普通两种，优惠税率是用于与我国签订有关税互惠条款的贸易条约或协定的国家的进口设备，普通税率是用于未与我国签订有关税互惠条款的贸易条约或协定的国家的进口设备，进口关税税率按我国海关总署发布的进口关税税率计算。

⑦增值税

该税是对从事进口贸易的单位和个人，在进口商品报关进口后征收的税种。《中华人民共和国增值税条例》规定，进口应税产品均按组成计税价格和增值税税率直接计算应纳税额，其计算公式为：

$$增值税=组成计税价格\times增值税税率$$

其中，组成计税价格=关税完税价格+进口关税+消费税

式中：增值税税率根据规定的税率计算。

⑧消费税

该税是对部分进口设备（如轿车和摩托车等）征收的税种，一般其计算公式为：

$$消费税=\frac{到岸价格（CIF价）+进口关税}{1-消费税税率}\times消费税税率$$

式中：消费税税率根据规定的税率计算。

⑨海关监管手续费

是指海关对进口减税、免税和保税货物实施监督、管理和提供服务的手续费（对于全额征收进口关税的货物不计本项费用），其计算公式为：

$$海关监管手续费=到岸价格\times海关监管手续费率（一般为0.3\%）$$

上述银行财务费、外贸手续费、进口关税、消费税以及进口环节增值税及进口车辆的车辆购置税等也称为进口设备从属费。由此，进口设备的抵岸价也可表述为由进口设备到岸价（CIF）和进口设备从属费构成。

2. 进口设备国内运杂费

进口设备国内运杂费指国外采购设备自到岸港运至工地仓库或指定堆放地点发生的采购、运输、运输保险、保管、装卸等费用。国内运杂费一般按进口设备抵岸价乘以设备运杂费率计算，其中设备运杂费率视具体交通运输情况或按各部门及省、市规定情况确定。

三、建筑安装工程费用的构成

（一）建筑业税制改革及其对建筑安装工程费用构成与计价的影响

1. 建筑业税制改革背景

自20世纪90年代中期我国通过分税制改革，确立了增值税和营业税两税并存的货物和劳务税税制格局以来，建筑业一直按营业税纳税。为消除重复征税，平衡行业税负，促

进工业转型、服务业发展和商业模式创新、解决分税制弊端、破解混合销售和兼营造成的征管困境，21 世纪，我国开始了新一轮税制改革，财政部、国家税务总局联合下发了营业税改增值税试点方案。经过逐步推进，财政部、国家税务总局下发了《关于全面推开营业税改征增值税试点的通知》，在全国范围内全面推开营业税改征增值税（以下简称“营改增”）试点，建筑业、房地产业、金融业、生活服务业等全部营业税纳税人纳入试点范围，由缴纳营业税改为缴纳增值税。

2. 增值税与营业税的区别

（1）概念

营业税是对在中国境内提供应税劳务、转让无形资产或销售不动产的单位和个人，就其所取得的营业额征收的一种税。

增值税是以商品（含应税劳务）在流转过程中产生的增值额作为计税依据而征收的一种流转税。

（2）计税依据与计税方法

①营业税

营业税的计税依据为各种应税劳务收入的营业额。其计税方法为：

应纳税额＝营业额×税率

其中建筑业营业税税率为 3%。

营业税的主要特征是：直接按收入纳税；项目亏损也要纳税；成本（人工、材料、设备）不能抵税；材料、设备属于货物，已纳增值税，再交一道营业税，属于重复纳税。

②增值税

增值税是以货物（含应税劳务）在流转过程中产生的增值额作为计税依据。营业税下纳税人无差别，而增值税纳税人分为一般纳税人和小规模纳税人，因而计税方法就有一般计税方法和简易计税方法。

第一，一般计税方法。年销售额 500 万元以上，或年销售额低于 500 万元，但能够向税务机关提供健全的会计记录，能够提供准确税务资料的，并向税局申请成为增值税一般纳税人并通过税局登记的纳税人被称为增值税一般纳税人。一般纳税人发生应税行为适用一般计税方法计税。一般纳税人发生财政部和国家税务总局规定的特定应税行为，可以选择适用简易计税方法计税，但一经选择，36 个月内不得变更。

一般计税方法为：

应纳税额＝当期销项税额－进项税额

增值税的销项税是纳税人提供应税劳务或销售货物时，按照销售额和规定的税率计算的税金，销项税是向购买方收取的。

销项税额的计算公式为：

销项税额=不含税销售额×适用税率

=含税销售额/（1+适用税率）×适用税率

增值税的进项税是纳税人购买应税劳务或货物，所支付或者负担的增值税额。据税法规定，准予从销项税额中抵扣的进项税额，为在增值税扣税凭证上注明的按规定的扣除率计算的增值税额，即从销售方取得的增值税专用发票上注明的增值税额，或从海关取得的完税凭证上注明的增值税额。

第二，简易计税方法

小规模纳税人发生应税行为适用简易计税方法计税，税率为3%。其计税方法为：

应纳税额=销售额×征收率

3. “营改增”对建筑安装工程费用构成的影响

上述对增值税与营业税区别的分析表明，建筑业“营改增”对建筑安装费用构成项目并无影响，只是税前构成项目应为除税价款，即应扣除各项费用中可抵扣的进项税额。具体差异在各费用项目构成分析中再详细阐述。其本质差异可表述为

营业税下建筑安装工程的合同金额=营业额

增值税下建筑安装工程的合同金额=销售额+税额

（二）“营改增”后按费用构成要素划分的建筑安装工程费用构成

《建筑安装工程费用项目组成》规定，建筑安装工程费用按照费用构成要素，由人工费、材料费、施工机具使用费、企业管理费、利润、规费和税金组成。其具体费用项目如下：

1. 人工费

人工费是指按工资总额构成规定，支付给从事建筑安装工程施工的生产工人和附属生产单位工人的各项费用。

（1）人工费的组成

①计时工资或计件工资：指按计时工资标准和工作时间或对已做工作按计件单价支付给个人的劳动报酬。②奖金：指对超额劳动和增收节支支付给个人的劳动报酬。例如，节约奖、劳动竞赛奖等。③津贴补贴：指为了补偿职工特殊或额外的劳动消耗和因其他特殊原因支付给个人的津贴，以及为了保证职工工资水平不受物价影响支付给个人的物价补贴。例如，流动施工津贴、特殊地区施工津贴、高温（寒）作业临时津贴、高空津贴等。④加班加点工资：指按规定支付的在法定节假日工作的加班工资和在法定日工作时间外延时工作的加点工资。⑤特殊情况下支付的工资：指根据国家法律、法规和政策规定，因

病、工伤、产假、计划生育假、婚丧假、事假、探亲假、定期休假、停工学习、执行国家或社会义务等按计时工资标准或计时工资标准的一定比例支付的工资。

（2）人工费的计算

人工费＝Σ（工日消耗量×日工资单价）

其中日工资单价是指施工企业平均技术熟练程度的生产工人在每工作日（国家法定工作时间内）按规定从事施工作业应得的日工资总额。

（3）“营改增”的影响

因不存在可抵扣的进项税额，“营改增”后组成内容及计算方法不变。

2. 材料费

材料费是指施工过程中耗费的原材料、辅助材料、构配件、零件、半成品或成品、工程设备的费用。工程设备是指构成或计划构成永久工程一部分的机电设备、金属结构设备、仪器装置及其他类似的设备和装置。

（1）材料费的组成

①材料原价：指材料、工程设备的出厂价格或商家供应价格；②运杂费：指材料、工程设备自来源地运至工地仓库或指定堆放地点所发生的全部费用；③运输损耗费：指材料在运输装卸过程中不可避免的损耗；④采购及保管费：指为组织采购、供应和保管材料、工程设备的过程中所需要的各项费用，包括采购费、仓储费、工地保管费、仓储损耗。

（2）材料费的计算

材料费＝Σ（材料消耗量×材料单价）

材料单价＝｛（材料原价＋运杂费）×［1＋运输损耗率（%）］｝
×［1＋采购保管费费率（%）］

工程设备费＝Σ（工程设备量×工程设备单价）

工程设备单价＝（设备原价＋运杂费）×［1＋采购保管费费率（%）］

（3）“营改增”的影响

“营改增”后，材料费组成内容及计算方法不变，组成内容应为除税价款，即扣除材料原价、运杂费、运输损耗费中可抵扣的进项税额。当然，采购保管费费率须相应调整。

3. 施工机具使用费

施工机具使用费是指施工作业所发生的施工机械、仪器仪表使用费或其租赁费。它由施工机械使用费及仪器仪表使用费组成。

（1）施工机具使用费的组成

首先，施工机械台班单价应由下列七项费用组成：①折旧费：指施工机械在规定的使用年限内，陆续收回其原值的费用。②大修理费：指施工机械按规定的大修理间隔台班进行必要的大修理，以恢复其正常功能所需的费用。③经常修理费：指施工机械除大修理以外的各级保养和临时故障排除所需的费用，包括为保障机械正常运转所需替换设备与随机配备工具附具的摊销和维护费用，机械运转中日常保养所需润滑与擦拭的材料费用及机械停滞期间的维护和保养费用等。④安拆费及场外运费：安拆费指施工机械（大型机械除外）在现场进行安装与拆卸所需的人工、材料、机械和试运转费用以及机械辅助设施的折旧、搭设、拆除等费用；场外运费指施工机械整体或分体自停放地点运至施工现场或由一施工地点运至另一施工地点的运输、装卸、辅助材料及架线等费用。⑤人工费：指机上司机（司炉）和其他操作人员的人工费。⑥燃料动力费：指施工机械在运转作业中所消耗的各种燃料及水、电等。⑦税费：指施工机械按照国家规定应缴纳的车船使用税、保险费及年检费等。

其次，仪器仪表使用费是指工程施工所需使用的仪器仪表的摊销及维修费用。

（2）施工机具使用费的计算

①施工机械使用费：

施工机械使用费=Σ（施工机械台班消耗量×机械台班单价）

机械台班单价=台班折旧费+台班大修费+台班经常修理费+台班安拆费及场外运费+台班人工费+台班燃料动力费+台班车船税费

若租赁施工机械，则：

施工机械使用费=Σ（施工机械台班消耗量×机械台班租赁单价）

②仪器仪表使用费：

仪器仪表使用费=工程使用的仪器仪表摊销费+维修费

（3）“营改增”的影响

“营改增”后，施工机械使用费及仪器仪表使用费组成内容及计算方法不变，但施工机械使用费组成内容应为除税价款，即扣除台班单价组成折旧费、大修费、经常修理费、场外运输费、燃料动力费所包括的可抵扣进项税额；仪器仪表使用费应为扣除摊销费、维修中可抵扣进项税额。

4. 企业管理费

企业管理费是指建筑安装企业组织施工生产和经营管理所需的费用。

（1）企业管理费的组成

①管理人员工资

指按规定支付给管理人员的计时工资、奖金、津贴补贴、加班加点工资及特殊情况下支付的工资等。

②办公费

指企业管理办公用的文具、纸张、账表、印刷、邮电、书报、办公软件、现场监控、会议、水电、烧水和集体取暖降温（包括现场临时宿舍取暖降温）等费用。

③差旅交通费

指职工因公出差、调动工作的差旅费、住勤补助费，市内交通费和误餐补助费，职工探亲路费，劳动力招募费，职工退休、退职一次性路费，工伤人员就医路费，工地转移费以及管理部门使用的交通工具的油料、燃料等费用。

④固定资产使用费

指管理和试验部门及附属生产单位使用的属于固定资产的房屋、设备、仪器等的折旧、大修、维修或租赁费。

⑤工具用具使用费

指企业施工生产和管理使用的不属于固定资产的工具、器具、家具、交通工具和检验、试验、测绘、消防用具等的购置、维修和摊销费。

⑥劳动保险和职工福利费

指由企业支付的职工退职金、按规定支付给离休干部的经费，集体福利费、夏季防暑降温、冬季取暖补贴、上下班交通补贴等。

⑦劳动保护费

企业按规定发放的劳动保护用品的支出，例如，工作服、手套、防暑降温饮料以及在有碍身体健康的环境中施工的保健费用等。

⑧检验试验费

指施工企业按照有关标准规定，对建筑以及材料、构件和建筑安装物进行一般鉴定、检查所发生的费用，包括自设试验室进行试验所耗用的材料等费用。不包括新结构、新材料的试验费，对构件做破坏性试验及其他特殊要求检验试验的费用和建设单位委托检测机构进行检测的费用，对此类检测发生的费用，由建设单位在工程建设其他费用中列支。但对施工企业提供的具有合格证明的材料进行检测不合格的，该检测费用由施工企业支付。

⑨工会经费

指企业按《中华人民共和国工会法》规定的全部职工工资总额比例计提的工会经费。

⑩职工教育经费

指按职工工资总额的规定比例计提，企业为职工进行专业技术和职业技能培训，专业技术人员继续教育、职工职业技能鉴定、职业资格认定以及根据需要对职工进行各类文化教育所发生的费用。

⑪财产保险费

指施工管理用财产、车辆等的保险费用。

⑫财务费

指企业为施工生产筹集资金或提供预付款担保、履约担保、职工工资支付担保等所发生的各种费用。

⑬税金

指企业按规定缴纳的房产税、车船使用税、土地使用税、印花税等。

⑭其他

包括技术转让费、技术开发费、投标费、业务招待费、绿化费、广告费、公证费、法律顾问费、审计费、咨询费、保险费等。

（2）企业管理费的计算

①以分部分项工程费为计算基础：

$$生产工人年平均管理费=\frac{生产工人年平均管理费}{年有效施工天数\times人工单价}\times人工费占分部分项工程费比例（\%）$$

②以人工费和机械费合计为计算基础：

$$企业管理费费率（\%）=\frac{生产工人年平均管理费}{年有效施工天数\times（人工单价+每一工日机械使用费用）}\times100\%$$

③以人工费为计算基础：

$$企业管理费费率（\%）=\frac{生产工人年平均管理费}{年有效施工天数\times人工单价}\times100\%$$

（3）“营改增”的影响

“营改增”后，企业管理费组成内容中须增加按国家税法规定的应计入建筑安装工程费用内的城市建设维护税、教育费附加及地方教育附加。此外，其他组成内容不变，但应扣除办公费、固定资产使用费、工具用具使用费、检验试验费所包含的可抵扣进项税额。

“营改增”后，企业管理费计算方法不变，但因计算基数调整，费率应予调整。

5. 利润

利润是指施工企业完成所承包工程获得的盈利。

因不存在可抵扣的进项税额，“营改增”后组成内容及计算方法不变。

6. 规费

规费是指按国家法律、法规规定，由省级政府和省级有关权力部门规定必须缴纳或计取的费用。

（1）规费的组成

社会保险费：①养老保险费：指企业按照规定标准为职工缴纳的基本养老保险费；②失业保险费：指企业按照规定标准为职工缴纳的失业保险费；③医疗保险费：指企业按照规定标准为职工缴纳的基本医疗保险费；④生育保险费：指企业按照规定标准为职工缴纳的生育保险费；⑤工伤保险费：指企业按照规定标准为职工缴纳的工伤保险费。

住房公积金：指企业按规定标准为职工缴纳的住房公积金。

工程排污费：指按规定缴纳的施工现场工程排污费。

其他应列而未列入的规费，按实际发生计取。

（2）规费的计算

①社会保险费和住房公积金

社会保险费和住房公积金应以定额人工费为计算基础，根据工程所在地省、自治区、直辖市或行业建设主管部门规定费率计算。

社会保险费和住房公积金=Σ（工程定额人工费×社会保险费和住房公积金费率）

②工程排污费

工程排污费等其他应列而未列入的规费应按工程所在地环境保护等部门规定的标准缴纳，按实计取列入。

（3）“营改增”的影响

因不存在可抵扣的进项税额，“营改增”后组成内容及计算方法不变，但为保持规费水平（缴费额）无变化，费率水平应调整。

7. 税金

（1）一般计税方法

一般计税方法中的税金是指根据建筑服务销售价格，按规定税率计算的增值税销项税额，用于开支进项税额和缴纳应纳税额。

税金=税前造价×增值税税率

其中税前造价为包含增值税可抵扣进项税额的税前造价，建筑业增值税税率为11%。

（2）简易计税方法

清包工工程是指以清包工方式提供建筑服务，施工方不采购建筑工程所需材料或只采购辅助材料，并收取人工费、管理费或者其他费用的建筑服务。

甲供工程，是指全部或部分设备、材料、动力由工程发包方自行采购的建筑工程。

简易计税方法下税金包括增值税应缴纳税额、城市建设维护税、教育费附加及地方教育附加：

①增值税应纳税额的计算方法为：

增值税应纳税额=税前工程造价×适用税率

式中：税前工程造价为包含增值税可抵扣进项税额的税前造价；建筑业增值税税率为3%。

②城市建设维护税的计算方法为：

城市建设维护税=增值税应纳税额×适用税率

税率：市区为7%、县镇为5%、乡村为1%。

③教育费附加的计算方法为：

教育费附加=增值税应纳税额×适用税率

税率为3%。

④地方教育附加的计算方法为：

地方教育附加=增值税应纳税额×适用税率

税率为2%。

以上四项合计，以包含增值税可抵扣进项额的税前工程造价为计费基础，税金费率为：市区3.36%、县镇3.30%、乡村3.18%。如各市另有规定的，按各市规定计取。

（三）“营改增”后按造价形成划分的建筑安装工程费用构成

建筑安装工程费按照工程造价形成由分部分项工程费、措施项目费、其他项目费、规费、税金组成。

1. 分部分项工程费

分部分项工程费是指各专业工程的分部分项工程应予列支的各项费用。

（1）专业工程

指按现行国家计量规范划分的房屋建筑与装饰工程、仿古建筑工程、通用安装工程、市政工程、园林绿化工程、矿山工程、构筑物工程、城市轨道交通工程、爆破工程等各类工程。

（2）分部分项工程

指按现行国家计量规范对各专业工程划分的项目。例如，房屋建筑与装饰工程划分的土石方工程、地基处理与桩基工程、砌筑工程、钢筋及钢筋混凝土工程等。

（3）分部分项工程费的计算：

分部分项工程费=Σ（分部分项工程量×综合单价）

式中：综合单价包括人工费、材料费、施工机具使用费、企业管理费和利润以及一定范围的风险费用。

“营改增”后各项费用的内涵和计算方法与按要素划分的相同。

2. 措施项目费

措施项目费是指为完成建设工程施工，发生于该工程施工前和施工过程中的技术、生活、安全、环境保护等方面的费用。措施项目费主要包括以下几方面：

（1）安全文明施工费

指施工现场为达到环保部门要求所需要的各项费用。

指施工现场文明施工所需要的各项费用。

指施工现场安全施工所需要的各项费用。

指施工企业为进行建设工程施工所必须搭设的生活和生产用的临时构筑物和其他临时设施费用，包括临时设施的搭设、维修、拆除、清理费或摊销。

安全文明施工费=计算基数×安全文明施工费费率（%）

计算基数应为定额基价（定额分部分项工程费+定额中可以计量的措施项目费）、定额人工费或定额人工费与定额机械费之和，其费率由工程造价管理机构根据各专业工程的特点综合确定。

$$\text{安全文明施工费费率（\%）} = \frac{\text{本项费用年度平均支出}}{\text{全年建安产值} \times \text{直接工程费占总造价比例(\%)}} \times 100\%$$

（2）夜间施工增加费

夜间施工增加费是指因夜间施工所发生的夜班补助费、夜间施工降效、夜间施工照明设备摊销及照明用电等费用。

夜间施工增加费=计算基数×夜间施工增加费费率（%）

（3）已完工程及设备保护费

已完工程及设备保护费指竣工验收前，对已完工程及设备采取的必要保护措施所发生的费用。

已完工程及设备保护费=计算基数×已完工程及设备保护费费率（%）

式中：计费基数应为定额人工费或定额人工费与定额机械费之和。

（4）工程定位复测费

工程定位复测费指工程施工过程中进行全部施工测量放线和复测工作的费用。

（5）特殊地区施工增加费

特殊地区施工增加费指工程在沙漠或其边缘地区、高海拔、高寒、原始森林等特殊地区施工增加的费用。

（6）大型机械设备进出场及安拆费

大型机械设备进出场及安拆费指机械整体或分体自停放场地运至施工现场或由一个施

工地点运至另一个施工地点，所发生的机械进出场运输及转移费用及机械在施工现场进行安装、拆卸所需的人工费、材料费、机械费、试运转费和安装所需的辅助设施的费用。

（7）脚手架工程费

脚手架工程费指施工需要的各种脚手架搭、拆、运输费用以及脚手架购置费的摊销（或租赁）费用。

措施项目及其包含的内容详见各类专业工程的现行国家或行业计量规范。因措施项目费用本质上也是由人工费、材料费、施工机具使用费、企业管理费和利润以及一定范围的风险费用组成，“营改增”后，各项费用的内涵和计算方法与按要素划分的相同。

3. 其他项目费

（1）暂列金额

暂列金额是指建设单位在工程量清单中暂定并包括在工程合同价款中的一笔款项。用于施工合同签订时尚未确定或者不可预见的所需材料、工程设备、服务的采购，施工中可能发生的工程变更、合同约定调整因素出现时的工程价款调整以及发生的索赔、现场签证确认等的费用。

（2）计日工

计日工是指在施工过程中，施工企业完成建设单位提出的施工图纸以外的零星项目或工作所需的费用。

（3）总承包服务费

总承包服务费是指总承包人为配合、协调建设单位进行的专业工程发包，对建设单位自行采购的材料、工程设备等进行保管以及施工现场管理、竣工资料汇总整理等服务所需的费用。

同样，因其他项目费本质上也是由人工费、材料费、施工机具使用费、企业管理费和利润以及一定范围的风险费用组成，“营改增”后，各项费用的内涵和计算方法与按要素划分的相同。

4. 规费

“营改增”后，规费的各项费用的内涵和计算方法与按要素划分的相同。

5. 税金

“营改增”后，税金的各项费用的内涵和计算方法与按要素划分的相同。

（四）两类划分的联系与区别

按照费用构成要素与按照工程造价形成两类划分，其联系和区别主要有以下几个方面：①建筑安装工程费按照费用构成要素划分时，其中人工费、材料费、施工机具使用费、企业管理费和利润包含在分部分项工程费、措施项目费、其他项目费中；②建筑安装工程费按照工程造价形成划分时，分部分项工程费、措施项目费、其他项目费包含人工费、材料费、施工机具使用费、企业管理费和利润；③按构成要素划分主要强调建筑安装工程造价的标准组成，按造价形成划分主要强调造价专业人员计量计价使用。

四、工程建设其他费用的构成

（一）土地使用权购置或取得的费用

土地使用权购置或取得的费用指按照《中华人民共和国土地管理法》《中华人民共和国土地管理法实施条例》《国有土地上房屋征收与补偿条例》等相关法规的规定，建设项目取得土地使用权而支付的农村土地征用费或国有土地上房屋征收、拆迁补偿费以及相关税费。以出让方式取得土地使用权的还应包括土地使用权出让金，以“长租短付”方式租用土地使用权的建设用地费限于建设期的租地费用。

（二）与整个工程建设有关的各类其他费用

1. 建设管理费

建设管理费指建设单位为组织完成工程项目建设，在建设期内发生的各类管理性费用。一般包含建设单位管理费、工程总承包管理费、工程监理费、工程造价咨询费等。其中建设单位管理费是指建设单位从项目开工之日起至办理竣工财务决算之日止发生的管理性质的开支；工程造价咨询费是指工程造价咨询人接受委托，编制与审核工程概算、工程预算、工程量清单、工程结算、竣工决算等计价文件，以及从事建设各阶段工程造价管理的咨询服务、出具工程造价成果文件等收取的费用。

2. 前期工作咨询费

前期工作咨询费包括建设项目专题研究、编制和评估项目建议书或者可行性研究报告，以及其他与建设项目前期工作有关的咨询服务收费。

3. 研究试验费

研究试验费指为建设项目提供或验证设计数据、资料等进行必要的研究试验及按照相关规定在建设过程中必须进行试验、验证所需的费用。不包括应由科技三项费用（新产品试制费、中间试验费和重要科学研究补助费）开支的项目、应在建筑安装工程费中列支的检验试验费、应由勘察设计费或工程费用中开支的项目。

4. 勘察设计费

勘察设计费包括工程勘察收费和工程设计收费。工程勘察收费指工程勘察机构接受委托，提供收集已有资料、现场踏勘、制定勘察纲要，进行测绘、勘探、取样、试验、测试、检测、监测等勘察作业，以及编制工程勘察文件和岩土工程设计文件等服务收取的费用；工程设计收费，指工程设计机构接受委托，提供编制建设项目初步设计文件、施工图设计文件、非标准设备设计文件、施工图预算文件、竣工图文件等服务收取的费用。

5. 专项评价及验收费

专项评价及验收费包括环境影响咨询及验收费、安全预评价及验收费、职业病危害预评价及控制效果评价费、地震安全性评价费、地质灾害危险性评价费、水土保持评价及验收费、压覆矿产资源评价费、节能评估及评审费、危险与可操作性分析及安全完整性评价费以及其他专项评价及验收费等。

6. 场地准备费及临时设施费

场地准备费是指建设项目为达到工程开工条件所发生的场地平整费用，对建设场地余留的有碍于施工的设施进行拆除清理费用，以及满足施工建设需要而供到场地界区的，未列入工程费用的接驳临时水、电、气、通信、道路等的有关费用。临时设施费包括建设用临时设施费用和生活、办公用临时设施费用。建设用临时设施费用包括临时水、电、气、通信、道路费用，及临时仓库建设或临时铁路、码头租赁费用。生活、办公用临时设施费用包括建设管理人员、工程勘探和工程设计人员的办公、生活用临时设施费用。

7. 引进技术和引进设备其他费

引进技术和引进设备其他费指引进技术和设备发生的，但未计入设备购置费中的费用，含引进项目图纸资料翻译复制费、备品备件测绘费；出国人员费用、来华人员费用；银行担保及承诺费等。

8. 工程保险费

工程保险费是为转移工程项目建设的意外风险，在建设期内对建筑工程、安装工程、机械设备和人身安全进行投保而发生的费用。

9. 特殊设备安全监督检验费

特殊设备安全监督检验费指安全监察部门对在施工现场组装的锅炉及压力容器、压力管道、消防设备、燃气设备、电梯等特殊设备和设施实施安全检验收取的费用。

10. 市政公用设施费

市政公用设施费指使用市政公用设施的工程项目，按照项目所在地省级人民政府有关规定建设或缴纳的市政公用设施建设配套费用，以及绿化工程补偿费用。

11. 专利及专有技术使用费

专利及专有技术使用费含国外设计及技术资料费、引进有效专利、专有技术使用费和技术保密费；国内有效专利、专有技术使用费；商标权、商誉和特许经营权费等。

（三）与未来企业生产经营有关的其他费用

1. 联合试运转费

联合试运转费指新建或新增加生产能力的工程项目，在交付生产前按照设计文件规定的工程质量标准和技术要求，对整个生产线或装置进行负荷联合试运转所发生的费用净支出。

2. 生产准备费

生产准备费指在建设期内，建设单位为保证项目正常生产而发生的人员培训费、提前进厂费，以及投产使用必备的办公、生活家具用具等的购置费用。

第二章　工程计价依据

第一节　工程计价依据的要求与工程量清单计价规范

一、计价依据的要求

工程计价的准确与否，在很大程度上取决于工程计价依据的科学性与合理性。因此，工程计价依据必须满足以下要求：①符合实际，与生产力水平相适应；②可信度高，准确可靠，有权威性；③数据化表达，便于计算；④定性描述清晰，便于正确理解与利用。

二、工程量清单计价规范

（一）适用范围

清单计价规范是规范工程造价计价行为，统一建设工程计价文件的编制原则和计价方法的国家标准，适用于建设工程发承包及其实施阶段的计价活动。不论采用任何计价方式的建设项目，均应执行规范的有关条文。建设工程发承包及实施阶段的计价活动，包括工程量清单编制、招标控制价编审、投标价编制、工程合同价款约定、工程计量与价款支付、索赔与现场签证、工程价款调整、竣工结算办理和工程价款争议解决以及工程造价鉴定等活动，涵盖了建设工程发承包及施工阶段的整个过程。

清单计价规范中坚持了“国家宏观调控、企业自主报价、竞争形成价格、监管行之有效”的工程造价管理模式的改革方向。

（二）强制性条文

强制性条文是指工程建设标准中直接涉及人民生命财产安全、人身健康、工程安全、环境保护、能源和资源节约、经济和社会效益提高及其他公共利益等方面，在工程建设中必须强制执行的技术要求。列入“强制性条文”的所有条文都必须严格执行。“强制性条文”是参与建设活动各方执行工程建设强制性标准和政府对执行情况实施监督的依据。

三、工程量清单的优势

（一）可以提供一个公平的竞争平台

在施工图预算中，因为设计图纸的误差，使得各施工人员的理解不统一，运算出来的工程量不一，报价相差较大，容易起分歧，而工程量清单计价模式能够提供一个公平竞争的平台。预算的建设计划要在一个公平的基础上，让企业依据实际情况来报价。投标者自主报价让企业的投标报价更具优势，使得建筑市场的秩序更加规范，无形中提高了工程的质量。

（二）有利于促进项目的定价更加合理，保证工程的“质”和“量”

合理的造价能体现在合理的工期以及各个细节阶段上，例如，因为长时间高强度的工作，工人的工作效率肯定会下降，施工方的支出就会增加。工期过于紧张会使工人工作的效率降低，从而降低了工程的质量。工程报价的时候需要提出这些客观要求。利用不断完善的工程量清单计价模式，一是提高与市场的真实价差；二是可以真实改进工程中的工序、工期等，有利于各方提高项目的质量与达到利益平衡点。

（三）工程量清单计价模式有利于结算，以及进度款申请的核对工作

甲方和乙方能根据工程量清单，高效率找出双方的争议，有利于提高效率。同时对于工作内容有了更加细致的了解。在传统招标时，“高索赔，低报价”的情况较多。索赔的过程可以分为现场签证、取费调整、设计变更以及技术措施的费用价格。因为清单工程量的实施，价格有了更加明细的组成，所以就降低了施工方不按合约索赔的可能性。

（四）清单的计价模式把工程的计价与国际惯例相结合，使得施工报价的流程更加简化

使用综合单价免去了管理费、直接费、各类取费等流程，更加适合涉外的工程。

（五）方便工程款的置入和置出，以及工程最终的造价结算

中标过后，业主签订合同的对象主要就是中标企业，中标的价格是确认合同价格的根基，拨付工程款就主要依据投标清单上面的单价。业主参考施工单位的施工进度，能够很简单地确认进度款的付款情况，能科学规避风险，同时对于工程的把握程度有了更高的效率，在一定程度上避免了施工方和业主之间的矛盾。工程量的清单方便业主控制自己的投资金额。因为一般的施工图预算的形式，导致业主对于因为工程量的变更和设计的变动，导致的工程造价的浮动并不关心，使指令单的工程量以及价格没有及时更新，通常等到完工结算的时候才开始关心这些变化，但是为时已晚。工程量清单的报价形式可以让投资者准确掌握投资的变化，而且在设计变动的时候，可以尽早地知道改变带来的影响，业主就可以参考投资的实际情况来判断是否进行改变，选择一个最合理的方法来解决问题。将传统定额的计价模式转变为工程量清单的计价模式，不但与社会主义时代市场经济运作的规律相符，也和国际惯例相接轨。清单计价模式使得工程量清单的计价行为、发包人、出资人与承包人三者之间的关系更加良好，推动建筑市场整体发展的进程。

第二节　房屋建筑与装饰工程工程量计算规范

一、基本内容

（一）规范的结构

《房屋建筑与装饰工程工程量计算规范》（GB 50854—2013）（以下简称房建计算规范），包括 4 章正文和 17 个附录。正文部分有总则、术语、工程计量、工程量清单编制 4 章，共 29 条。附录包括附录 A 至附录 S 共 17 部分。附录中列出的工程量清单项目由 2008 版清单计价规范附录 A 和附录 B 的 393 个项目，修订为 561 个项目，净增加了 168 个项目。

房建计算规范附录的内容主体是以表格形式体现的，包括项目编码、项目名称、项目

特征、计量单位、工程量计算规则和工作内容。

（二）项目编码

项目编码是分部分项工程和措施项目清单名称的阿拉伯数字标志，是为工程造价信息全国共享而设的，要求全国统一。项目编码的设立以唯一性为原则，项目编码共设12位数字，1~9位由规范统一编码，前两位为每本工程量计算规范（工程类别）的代码，如房建工程代码为01，这使每个项目编码都是唯一的，没有重复。3、4位为专业工程（计算规范各附录的章）顺序码，5、6位为分部工程（附录各章的节）顺序码，7~9位为分项工程项目名称顺序码，10~12位为具体清单项目名称顺序码。

（三）项目名称

项目名称全国统一。房建计算规范中的项目设置以简明适用为原则，项目划分以现行的全国统一工程预算定额为基础，在符合编制指导思想的前提下，与预算定额进行了适当对应衔接。项目设置上以符合工程实际、满足计价需要为前提，力求增加新技术、新工艺、新材料的项目，删除技术规范已经淘汰的项目。

（四）项目特征

项目特征是构成分部分项工程项目、措施项目自身价值的本质特征。项目特征设置以满足组价为原则。规范中列明的项目特征都是明显（直接）影响项目自身价值（或价格）的因素，对凡是体现项目自身价值的都做出规定，对工程计价无实质影响的内容不做规定，对应由投标人根据施工方案自行确定的不做规定，对应由投标人根据当地材料供应及构件配料决定的不做规定。而对应由施工措施解决并充分体现竞争要求的，规范注明了特征描述时不同的处理方式，如弃土运距等。

（五）计量单位

计量单位，是指项目工程量的量度单位，规范要求全国统一。规范中项目计量单位的设置以方便计量为原则。在方便计量的前提下，注意与现行工程定额的规定衔接。如有两个或两个以上计量单位均可满足某一工程项目计量要求的，均予以标注，由招标人根据工程实际情况选用。工程量计算规范与定额的计算单位不完全相同，采用基本计量单位。

（六）工程量计算规则

工程量计算规则，是针对附录中每一个清单项目而规定的相应的工程量计算规则。工程量计算规则以统一为原则。即全国各省市的工程量清单，均要按该计算规则计算工程量。清单项目的工程量计算规则与全国工程预算工程量计算规则有着原则上的区别。清单项目的计量原则是以图示实体净尺寸计算，这与国际通用做法是一致的。而预算工程量的计算是在净值的基础上，加上人为规定的预留量，这个量随施工方法、措施不同，也在变化。

（七）工作内容

工作内容是表格的最后一个内容。工程量计算规范中的“工作内容”是对应项目能够完整地实现而包括的主要工序，与定额中的“工作内容”相仿。工程量计算规范对工作内容的描述，以尽可能保持施工工序完整为原则。在工程量计算规范中，工程量清单项目与工程量计算规则、工作内容有一一对应关系。清单项目工程的实体往往是由多个工序综合而成的，因此，对各清单可能发生的施工项目均做了提示并列在“工作内容”一栏内。同时，规范各项目仅列出了主要工作内容，除另有规定和说明者外，应视为已经包括完成该项目所列或未列的全部工作内容。

二、适用范围

房建计算规范是规范房屋建筑与装饰工程造价计量行为，统一房屋建筑与装饰工程工程量计算规则、工程量清单的编制方法的国家标准。适用于工业与民用的房屋建筑与装饰工程施工发承包及实施阶段计价活动中的工程计量和工程量清单编制。

三、工程量计算规范与预算定额的关系

（一）二者的主要异同

工程量计算规范脱胎于《建设工程工程量清单计价规范》的附录，建设工程工程量清单计价规范也是从 21 世纪初才开始推行的国家标准。预算定额在 20 世纪 50 年代以后即逐步推行，到现在已经应用了半个多世纪。工程量计算规范在编制过程中，是以现行的全国统一工程预算（基础）定额为基础，特别是项目划分、计量单位、工程量计算规则等方面，都尽可能多地与预算定额衔接，二者有许多承接关系或相似之处，但二者还是有所区别的。这主要是因为预算定额有许多内容不适应计价规范编制指导思想，主要表现在：①定额项目是国家规定以单一工序为划分项目的原则；②施工工艺、施工方法是根据大多数

企业的施工方法综合取定的；③工、料、机消耗量是根据“社会平均”综合测定的；④取费标准是根据不同地区平均测算的。因此，企业报价时就会表现为平均主义，企业不能结合项目具体情况、自身技术、管理水平自主报价，不能充分调动企业加强管理的积极性。

按工程量计算规范的编写要求，清单计价既要与国际惯例接轨，又要兼顾我国的工程造价工作的具体现状，因此章节的划分与设置原则，是充分考虑到全国统一工程预算（基础）定额在我国实施了多年已形成了一些习惯做法的现实。

（二）房建计算规范与其他规范的关系

房屋建筑与装饰工程计价，必须按房建计算规范规定的工程量计算规则进行工程计量。同时，房建计算规范只列出了房屋建筑与装饰工程中的专业分部分项工程项目和措施项目，其他项目、规费和税金项目清单、工程实施过程中的计量等应按照现行国家标准《建设工程工程量清单计价规范》的相关规定执行。

房屋建筑与装饰工程涉及电气、给水排水、消防等安装工程的项目，按照现行国家标准《通用安装工程工程量计算规范》的相应项目执行；涉及仿古建筑工程的项目，按照现行国家标准《仿古建筑工程工程量计算规范》的相应项目执行；涉及室外地（路）面、室外给水排水等工程的项目，按照现行国家标准《市政工程工程量计算规范》的相应项目执行；采用爆破法施工的土石方工程按照现行国家标准《爆破工程工程量计算规范》的相应项目执行。

第三节　工程定额

一、工程定额的体系

工程定额一般称为建设工程定额，是指在工程建设中，单位产品在人工、材料、机械设备、资金以及时间上消耗的规定额度。这种规定反映的是在一定的社会生产力发展水平的条件下，完成某项产品与各种所需消费之间特定的数量关系。

建设工程定额可以按照不同的方式进行分类。

（一）按专业性质分类

建设工程定额按照专业性质可以分为：建筑工程定额、装饰装修工程定额、安装工程定额、市政工程定额、园林绿化工程定额、人防工程定额等。

（二）按定额反映的生产要素消耗内容分类

1. 劳动消耗定额

简称劳动定额，也称人工定额。是指在一定生产技术组织条件下，采用科学合理的方法，对生产单位合格产品或完成一定工作任务的活劳动消耗量所预先规定的限额。

2. 材料消耗定额

简称材料定额，是指在合理和节约使用材料的条件下，对生产单位合格产品或完成单位工作量所必需的一定规格的材料、成品、半成品和水、电等资源的消耗量所预先规定的限额。

3. 机械消耗定额

也称机械使用定额，是指在正常施工条件下，对完成单位合格产品所必需的施工机械工作时间所预先规定的限额。我国机械消耗定额是以一台机械一个工作班为计量单位的，所以又称为机械台班定额。

（三）按照定额的属性分类

1. 统编定额

由政府行政主管部门根据合理的施工组织设计，按照国内（或行业、地区）大多数施工企业采用的施工方法、机械化程度和合理的劳动组织及工期进行编制，表现生产一个规定计量单位工程合格产品所需人工、材料、机械台班的社会平均消耗（或费用）水平的标准。按照主编单位和管理权限划分，可进一步分为全国统一定额、行业统一定额、地区统一定额；按照专业性质进一步划分，可分为全国通用定额、行业通用定额和专业专用定额。

统编定额，作为发包人和承包人共同的信息，在建筑产品价格形成过程中具有决定性的作用。在充分竞争市场条件下，投标人的行为主要取决于私人信息（如企业定额）。而在经济转型时期，除私人信息外，投标人的行为还要受甲、乙双方共同信息（如统编定额及计价办法）的影响。随着市场化水平的增加，私人信息的影响加大，共同信息的影响会逐渐减小。

2. 企业定额

施工企业根据本企业的施工技术、机械装备和管理水平而制定的，并供本企业使用的分项工程或结构构件的人工、材料和施工机械台班等的消耗（或费用）标准。

在市场经济条件下，企业定额是参与市场竞争，自主报价的依据。从一定意义上讲，企业定额是企业的商业秘密，是企业参与市场竞争的核心竞争能力的具体表现。

由于我国的施工企业长期依赖统编定额进行预算和报价，绝大多数企业没有自己的内部定额体系。

（四）按照定额的表现内容分类

1. 消耗量定额

表现生产一个规定计量单位工程合格产品所需人工、材料、机械台班等消耗数量的标准。

2. 计价定额

同时表现生产一个规定计量单位工程合格产品所需人工、材料、机械台班等消耗数量和人工费、材料费、机械台班使用费等基准价格的量价合一标准，过去一般称为定额基价。

（五）按照编制程序和用途分类

1. 施工定额

是以同一性质的施工过程或基本工序作为研究对象，表示生产产品数量与生产要素消耗综合关系的定额。工序，是生产工艺程序的简称，它是指一个或一组工人在一个工作地对一个（或几个）劳动对象连续进行加工的生产活动。属于同一个工序的操作者、劳动对象和工作地是固定不变的，如有一个要素变更就构成另一道工序。施工定额是施工企业组织生产和加强管理，在企业内部使用的一种定额，属于企业定额的性质。施工定额是工程建设定额中分项最细、定额子目最多的一种定额，也是工程建设定额中基础性定额。施工定额主要直接用于工程施工管理，同时也是编制预算定额的基础。

2. 预算定额（基础定额）

是以分项工程和结构构件为对象编制的定额。预算定额以施工定额为基础综合扩大编制的，同时也是编制概算定额的基础。它是一种计价定额，是施工发承包和实施阶段计价的重要基础。

3. 概算定额

是以扩大的分项工程或扩大的结构构件为对象编制的。是编制初步设计概算的依据。一般是在预算定额的基础上综合扩大而成的，每一扩大分项都综合了预算定额的若干分项，是一种计价定额。

4. 概算指标

是以单位工程为对象，是概算定额的扩大与合并，以更为扩大的计量单位来编制的。是一种计价定额。

5. 投资估算指标

是在项目建议书和可行性研究阶段编制投资估算、计算投资需要量时使用的一种指标。它往往以独立的单项工程或完整的工程项目为计算对象，反映建设总投资及其各项费用构成的经济指标。

6. 工期定额

它是为各类工程规定的施工期限的定额天数。包括建设工期定额和施工工期定额两个层次。建设工期是指建设项目或独立的单项工程在建设过程中所耗用的时间总量，即从开工建设时起，到全部建成投产或交付使用时止所经历的时间，一般以月数或天数表示。施工工期一般是指单项工程或单位工程从正式开工起至完成承包工程全部设计内容并达到国家验收标准的全部有效天数。

二、工期定额

（一）工期与工期定额的含义

施工工期，一般指建设项目中构成固定资产的单项工程、单位工程从正式破土动工到按设计文件全部建成能竣工验收交付使用所需的全部时间。

对于工期存在合理建设工期、定额工期和合同工期等概念。

合理建设工期是建设项目在正常的建设条件、合理的施工工艺和管理下，建设过程中对人力、财力、物力资源合理有效地利用，使项目的投资方和各参建单位均获得满意的经济效益的工期。

定额工期是在一定的经济和社会条件下，在一定时期内由建设行政主管部门制定并发布的项目建设所消耗的时间标准。定额工期具有一定的权威性，对具体建设项目的建设工期确定具有指导意义，体现了合理建设工期，反映了一定时期国家、地区或部门不同建设项目的建设和管理水平。

合同工期是在定额工期的指导下，由工程建设的发承包双方根据项目建设的具体情况，经招标投标或协商一致后，在合同中确认的建设工期。

建设工期定额，是指在平均的建设管理水平和施工装备水平及正常的建设条件（自然的、经济的）下，一个建设项目从设计文件规定的工程正式破土动工，到全部工程建完，验收合格交付使用全过程所需的额定时间，一般以日历天数为单位。

（二）工期定额的作用

工期定额是编制招标文件的依据，是签订工程施工合同、确定合理工期及施工索赔的基础，也是施工企业编制施工组织设计、确定投标工期、安排施工进度的参考。此外也可作为提前或延误工期进行奖罚、工程结算、竣工期调价的依据。

（三）工期定额的应用

工期定额的应用是指按照规定，在工期定额中查出或计算出拟建工程的工期。要想按照规定正确查出或计算出拟建工程的工期，在掌握上述工期定额各项内容的前提下，应该按以下步骤进行：确定拟建工程的地区类别→确定拟建工程的类别→确定拟建工程的用途→确定拟建工程应属的子目→拟建工程的工期定额套用和计算。

三、人工、材料、机械台班定额

（一）人工定额

人工定额是指在一定生产技术组织条件下，采用科学合理的方法，对生产单位合格产品或完成一定工作任务的活劳动消耗量所预先规定的限额。以时间定额或产量定额表示。

时间定额，也称工时定额，它是生产单位合格产品或完成一定工作任务的劳动时间消耗的限额。是某专业、某种技术等级工人班组或个人，在合理劳动组织条件下，为生产单位合格产品所消耗的工作时间，包括为完成生产工作的作业时间、作业宽放时间（是完成生产作业过程中，由于工作现场组织管理和工艺装备技术需求所发生的间接工时消耗，包括组织性宽放时间和技术性宽放时间）、个人生理需要与休息宽放时间以及必须分摊的准备与结束时间等。

时间定额以工日为计量单位，一个工人工作 8 小时为一个工日。

单位产品时间定额（工日）= 需消耗的工日数/生产的产品数量

即：

单位产品时间定额（工日）= 1/每工产量（针对个人）

单位产品时间定额（工日）= 小组成员工日数总和/台班产量（针对小组）

产量定额，就是在单位时间内生产合格产品的数量或完成工作任务量的限额。是在合理劳动组织条件下，某专业、某种技术等级工人班组或个人在单位工日中所应完成的合格产品的数量。产量定额以产品的计量单位为单位。

单位时间产量定额=生产的产品数量/消耗的工日数

即：

每工产量=1/单位产品时间定额

小组台班产量=小组成员工日数总和/单位产品时间定额

人工定额制定的基本方法包括：经验估工法、概率估工法、统计分析法、类推比较法、工时测定法和定额标准资料法。

（二）材料消耗定额

材料消耗定额是指在合理和节约使用材料的条件下，对生产单位合格产品或完成单位工作量所必需的一定品种、规格的材料的消耗量所预先规定的限额。

材料是工程建设中使用的原材料、成品、半成品、构配件、燃料以及水、电等动力资源的统称。

从材料消耗与工程实体的关系的角度，可以把材料分成实体材料和非实体材料。

1. 实体材料消耗定额

实体材料，也称为直接性消耗材料，是指在建设工程施工中，一次性消耗并直接形成工程实体的材料，包括直接消耗用于完成工程实体工作内容上的主要材料、辅助材料和其他材料，并包括相应的施工场内运输及施工操作的损耗。主要材料，是指直接构成工程实体的材料，在定额消耗表中要列明消耗量，并且一般会列明损耗率。辅助材料，是直接构成工程实体，但比重较小的材料或者实体施工必不可少，却并不直接构成工程实体本体的材料，如土石方爆破中需要的炸药、引信、雷管等。辅助材料在定额消耗表中要列明消耗量。其他材料是用量很小、低值易耗、不便计算消耗数量的零星材料。在定额消耗表中不列出消耗量，而是用其他材料费，或以材料费的百分比表示。

直接性消耗材料的消耗包括两类：一类是在节约和合理使用材料的条件下，完成合格产品所必需的材料消耗量，称为材料净用量；另一类是在正常施工条件下，材料从仓库、现场集中堆放地点（或现场加工地点）领出到操作（或安装）地点完成合格产品过程中，不可避免的材料损失，称为材料合理损耗量，包括施工现场堆放损耗、场内运输损耗、施工操作损耗等。材料损耗量常用材料净用量的一定百分率，即材料损耗率来表示。因此：

材料消耗量=材料净用量+材料合理损耗量=材料净用量×（1+材料损耗率）

确定实体材料净用量的基本方法包括：现场观察法、实验室试验法、理论计算法、统计法、经验法。

确定实体材料损耗量（率）的基本方法包括：现场观察法、统计法。

2. 非实体材料消耗定额

非实体材料，主要是指周转性消耗材料。在施工过程中能多次重复使用并基本上保持原来形态的材料、配件等，它不是一次性消耗掉的，而是在多次周转中逐渐消耗掉的，其价值是逐步转移到工程成本中的。周转性消耗材料也称材料型的工具或工具型的材料，习惯上也称施工作业用料或施工手段用料，即措施性材料，一般属于措施项目费支出范畴。

周转性材料消耗一般与下列四个因素有关：①第一次制造时的材料消耗（一次使用量，即一次投入量，是施工人备料的重要依据）；②每周转使用一次材料的损耗（第二次使用时需要补充）；③周转使用次数；④周转材料的最终回收及其回收折价。

周转性材料的定额消耗量用摊销量表示，是指周转材料退出使用，应分摊到一定计量单位的产品上的，一次所需消耗周转材料的数量，供施工人成本核算或计价使用。

如现浇混凝土结构木模板用量计算公式为：

一次使用量=净用量×（1+操作损耗率）

周转使用量=｛一次使用量×［1+（周转次数-1）×补损率］｝/周转次数

回收量=［一次使用量×（1-补损率）］/周转次数

摊销量=周转使用量-回收量×回收折价率

（三）施工机械消耗定额

施工机械消耗定额是指在正常施工条件下，对完成单位合格产品所必需的施工机械工作时间所预先规定的限额。

施工机械消耗定额以时间定额或产量定额表示。

机械时间定额，是指在合理劳动组织与合理使用机械条件下，某种机械完成单位合格产品所必需的工作时间，包括有效工作时间（正常负荷下的工作时间和降低负荷下的工作时间）、不可避免的中断时间、不可避免的无负荷时间。机械时间定额以“台班”表示，即一台机械，工作一个工作班的时间，一个工作班为 8 小时。

单位产品机械时间定额（台班）= 1/台班产量

机械产量定额，是指是在合理劳动组织与合理使用机械条件下，某种机械在每个台班时间内，应完成合格产品的数量。

机械台班产量定额=1/单位产品机械时间定额（台班）

机械台班产量定额=工作时间生产的产品数量/工作时间×工作班延续时间×机械正常利用系数

四、消耗量定额

（一）消耗量定额的含义

消耗量定额的概念是工程量清单计价规范中开始提出的，当时是作为与企业定额对应的统编定额的代名词。按此视角，目前业界普遍使用的由住房和城乡建设部组织编写的“基础定额”，各省级或行业主管部门制定的“消耗量定额”或“预算定额”，都属于这类统编消耗量定额的范畴。自从计价定额这个概念提出后，消耗量定额在概念上特指表现生产一个规定计量单位工程合格产品所需人工、材料、机械台班等消耗数量的标准。可以是企业定额，也可以是统编定额。

统编消耗量定额（以下简称消耗量定额）是由建设行政主管部门根据合理的施工组织设计，按照正常施工条件制定的，生产一个规定计量单位的分项工程合格产品所需人工、材料、机械台班的社会平均消耗量标准。是工程计价的主要依据或参考。

（二）编制依据

①现行的劳动定额、施工定额；②现行的设计、施工及质量和安全检验标准、规范；③典型施工图及标准图（通用图）；④新技术、新结构、新材料和先进施工方法；⑤有关试验、技术测定、经验资料；⑥现行消耗量定额及有关文件规定。

（三）编制工作的主要内容

消耗量定额编制工作的主要内容包括：确定项目内容，确定计量单位，按照典型设计图和资料试算工程数量，确定消耗量定额各项目的人工、材料和机械台班消耗指标，编制定额表和拟定有关说明等。

项目内容是指消耗量定额所列的分部、分项及其再细的分子项（子目）。包括项目划分、项目名称、工作内容和施工方法等。消耗量定额一般按施工顺序分部（章），按结构、材料品种、机械类型及使用要求不同分项（子项）。由于消耗量定额项目的工作内容具有综合的特点，除了需要规定人工、材料、机械的实物消耗量，还必须明确规定该定额项目所包括的综合在内的其他工作内容。

消耗量定额的计量单位主要根据分部、分项工程的形体和结构构件特征及其变化确定，且有综合性质，并且要与项目内容相适应。一般地，结构的三个度量尺寸都经常变化的，以体积为计量单位；三个度量尺寸中，有两个经常变化的，以面积为计量单位；断面有一定现状和大小，基本固定或无规律性变化的，以长度为计量单位；钢结构由于重量与价格差异很大，形状又不固定，常采用质量为计量单位；凡无一定规格，其构造又较复杂时，可以数量为计量单位。一般地，定额中的计量单位按以下原则确定：①以长度为单位的按“100m”；②以面积为单位的按“$100m^2$”；③以体积为单位的按“$100m^3$”；④以质量为单位的按“10t”；⑤以数量为单位的按“10套”“10个”；等等。

（四）人工消耗量的确定

消耗量定额中人工消耗量是指完成某分项工程或结构构件，必须消耗的人工工日数量。可以通过两种方法确定：一种是以劳动定额为基础测算后综合确定；一种是以现场观察测定资料为基础计算。

消耗量定额中人工消耗量指标包括完成该分项工程的各种用工数量，由分项工程所综合的各个工序劳动定额所包括的技术工种的基本用工和其他用工两部分组成。

基本用工指完成分项工程所必须消耗的技术工种用工，是完成该分项工程的主要用工量。基本用工可以按技术工种相应劳动定额的时间定额计算，以不同工种列出定额工日。

基本用工（工日）=Σ（工序工程量×时间定额）

其他用工包括超运距用工、辅助用工和人工幅度差三部分。

超运距用工是指劳动定额中已包括的材料、半成品等在施工现场内的水平运输距离与消耗量定额取定的堆放地点到操作地点的水平运输距离之差所增加的工时。需要指出的是，实际工程现场运距超过消耗量定额取定运距时，可另行计算现场二次搬运费。

超运距=消耗量定额规定的运距-劳动定额规定的运距

超运距用工（工日）=Σ（超运距材料数量×时间定额）

辅助用工是指技术工种劳动定额中不包括，而在消耗量定额内又必须考虑的工时，一般指材料加工等用工量。

辅助用工（工日）=Σ（材料加工数量×时间定额）

人工幅度差是指劳动定额中未包括，而在一般正常施工情况下又不可避免但又很难准确计量的一些零星用工和工时损失。消耗量定额中人工幅度差考虑的主要因素包括：①各工种间的工序搭接及交叉作业相互配合或影响所发生的停歇用工；②施工机械在单位工程之间转移及临时水电线路移动所造成的停工；③质量检查和隐蔽工程验收工作的影响；④班组操作地点转移用工；⑤工序交接时对前一工序不可避免的修整用工；⑥施工中不可避免的其他零星用工。

人工幅度差=（基本用工+超运距用工+辅助用工）×人工幅度差系数（一般为10%~12%）因此：

消耗量定额分项的人工消耗量指标（工日）=（基本用工+超运距用工+辅助用工）×（1+人工幅度差系数）消耗量指标（工日）

（五）材料消耗量计算

消耗量定额的材料消耗，包括为完成该分项工程或结构构件所必需的各种实体性材料和各种措施性材料，其计算方法与材料消耗定额的确定方法基本一致。对于实体性材料的消耗量指标也由净用量和损耗量两部分组成。

需要注意的是，消耗量定额中主要材料消耗的净用量，是在材料消耗定额材料净用量的基础上，结合工程构造做法和综合取定的工程量进行调整而成；而材料耗费考虑的范围，既包括正常材料施工操作过程中的损耗，也包括材料在施工现场堆放、运输、制备等各方面的损耗。

（六）机械台班消耗量计算

消耗量定额机械台班消耗量指标，通常是在施工机械消耗定额正常机械施工工效基础上，考虑一个机械幅度差，综合而成的，也可以以现场测定资料为基础确定。

机械幅度差考虑的因素包括：①配套机械互相影响；②开工或结尾因工作量不饱和降效；③检查质量；④不可避免的故障排除、维修及工序间交叉影响；⑤机械转移；⑥临时停水、停电及其他原因的合理中断及停滞。

消耗量定额机械耗用台班=综合工序机械耗用台班×（1+机械幅度差系数）

占比重不大的零星小型机械按劳动定额小组成员计算出机械台班使用费，以“机械费”或“其他机械费”表示，不再列出台班数量。

五、日工资单价、材料单价和机械台班单价

（一）日工资单价的组成

日工资单价是指施工企业平均技术熟练程度的生产工人在每工作日（国家法定工作时间内）按规定从事施工作业应得的日工资总额。

日工资单价内容组成为：计时工资或计件工资、奖金、津贴补贴、加班加点工资、特殊情况下支付的工资。

影响日工资单价变动的因素包括：社会平均工资水平、生活消费指数、工资单价的组成内容以及劳动力市场供需变化。

工程造价管理机构确定日工资单价应通过市场调查、根据工程项目的技术要求，参考实物工程量日工资单价综合分析确定，最低日工资单价不得低于工程所在地人力资源和社会保障部门所发布的最低工资标准。

（二）材料单价的组成

材料单价原称材料预算价格、材料基价，是指材料（包括构件、成品及半成品）从其来源地（或交货地点）到达施工工地仓库或指定堆放地点后的出库价格（单价）。

材料单价由如下四部分组成：材料原价（或供应价）、材料的运杂费、材料的运输损耗费、材料的采购保管费。

材料单价=［（材料原价+运杂费）×（1+运输损耗率（%））］×（1+采购保管费率（%））

材料原价，即货价。同种材料在某地区的价格，因产地不同，价格也会不同。编制地区材料单价时，一般按供应量的比例采用综合加权平均价。

材料的运杂费，包括运费、包装费、装卸费等。同种材料，产地不同，可按来源地运输里程、运输方法和运价标准，加权平均计算。

一般材料的运输损耗率在0.5%~3%。

采购保管费率，一般为2%左右。

如果材料的采购价是直接送到施工工地的价格，则材料单价与采购单价同值。

影响材料价格变动的主要因素包括：国内外市场供需变化、材料生产的成本变动、流通环节及材料供应体制、材料运输距离、运输方式等。

（三）机械台班单价的组成

机械台班单价，即施工机械台班使用费，是指一台施工机械，在正常运转条件下，一个工作班中所发生的机械使用费以及机械安拆费和场外运费等全部费用。

机械台班单价=台班折旧费+台班大修理费+台班经常修理费+台班安拆费及场外运费+台班人工费+台班燃料动力费+台班车船税费

台班折旧费（台班大修理费、台班经常修理费、台班安拆费及场外运费、台班车船使用税）是指一台机械一个工作班应分摊的折旧费（大修理费、经常修理费、安拆费及场外运费、车船使用税）。

台班燃料动力费（台班人工费）是指一台机械一个工作班应支出的燃料动力费（机上司机等操作人员的人工费）。

对于移动有一定难度的特、大型（包括少量中型）机械，其安拆费及场外运费不包括在台班单价中，应单独计算。

影响机械台班单价变动的主要因素：施工机械的价格、机械使用年限、机械的使用效率和管理水平、政府征收税费的规定。

工程造价管理机构在确定计价定额中的施工机械使用费时，应根据《建筑施工机械台班费用计算规则》结合市场调查编制施工机械台班单价。施工企业可以参考工程造价管理机构发布的机械台班单价，自主确定施工机械使用费的报价；如租赁施工机械，其机械台班单价是机械台班租赁单价。

六、预算定额与工程单价

（一）预算定额的概念

预算定额，也称预算基价，它是消耗量定额（编制基期）的货币表现形式，是量价合一表现的计价定额，是用于确定工程造价的基准价格。

用表格形式表达的预算基价表，又称单位估价表，一般为预算基价在某地区的具体表现形式。

预算基价是根据消耗量定额确定的某计量单位的分项工程的人工、材料、施工机械台班的消耗量（简称“三量”），按当地的日工资单价、材料单价、机械台班单价（简称“三价”），来计算某计量单位的分项工程的人工费、材料费和机械台班使用费（简称“三费”），然后将三项费用合计汇总而成的某计量单位的分项的工料单价。

某计量单位的分项工程的预算基价=定额人工费+定额材料费+定额施工机具使用费

某计量单位的分项工程的定额人工费=Σ（定额人工工日消耗量×日工资单价）

某计量单位的分项工程的定额材料费=Σ（定额材料消耗量×材料单价）

某计量单位的分项工程的定额施工机具使用费=Σ（定额机械台班消耗量×
机械台班单价）+
定额仪器仪表使用费

其中：

定额仪器仪表使用费=定额工程使用的仪器仪表摊销费+定额维修费

需要注意的是，由于“三量”在一定时期之内是比较稳定的，而与其相适应的“三价”是随市场而变化的，这样，纳入预算基价的“三价”必然只能反映预算基价编制时取定时点的价格水平，即由“三费”为主构成的工程单价反映的是固定时点的水平。因此，为了适应市场价格的变化，在使用预算基价进行计价时，必须根据现实的市场价格修正过时的“死的”工程单价。

还需要注意的是，一些地方编制的预算基价中将一些主要材料列为未计价材料，即在基价子目的单价中没有包括其价值，这些材料的价值应由计价人员根据设计要求和编制期的市场情况自主计价。也就是说，利用预算基价进行计价时，还必须另外增加未计价材料的价格。

（二）预算定额册

将编制完成的预算基价及相应的成果，按一定的顺序汇编成册，即构成预算定额册。

在我国，政府部门编制的消耗量定额或预算基价均成册颁布。

不同时期、不同专业或不同地区的预算定额册，在内容上虽不完全相同，但其基本组成内容变化不大，主要包括：总说明、分章（分部工程）说明、分项工程表头说明、定额项目表、分章附录或总附录等。

多数定额册为方便使用，也把工程量计算规则编入。

（三）工程单价

工程单价，一般是指单位假定建筑安装产品（指建筑安装工程基本子项）的预算单价。

预算单价是通过编制地区单位估价表及设备安装价目表所确定的单价，用于工程计价。在预算基价中列出的“预算价值”或“基价”，都应视作该定额编制时的工程单价。

工程单价按其内容的综合程度可以分成如下四种主要形式：①工料单价。也称为直接工程费单价或“基价”，只包括完成一个规定计量单位项目所需的人工费、材料费和施工机具使用费。是我国传统定额法计价所采用的工程单价。②综合单价。也称部分费用单价，包括完成一个规定计量单位项目所需的人工费、材料（和工程设备）费、施工机具使用费和企业管理费、利润以及一定范围内的风险费用。是我国实行工程量清单计价所采用的工程单价。③成本单价。构成中仅包括成本部分的费用，即完成一个规定计量单位项目所须消耗或使用的人工、材料、工程设备、施工机具及其管理等方面发生的费用和按规定缴纳的规费和税金的总和。④全费用单价。包括完成一个规定计量单位项目所需的人工费、材料（和工程设备）费、施工机具使用费和企业管理费、利润以及一定范围内的风险费、规费、税金等全部内容。

七、其他计价定额

（一）概算定额

概算定额是以扩大的分项工程或扩大的结构构件为对象编制的一种计价定额，其定额水平与预算定额相同。

概算定额表达的主要内容、主要方式及基本使用方法都与预算定额相近。概算定额与预算定额的主要不同之处在于，项目划分和项目包括内容综合程度上的差异。概算定额采取以主带次的编制原则进行编制，即以主要工程内容为主，综合相关工程内容。一般是在预算定额基础上以主要分项工程为准综合有联系的若干个分项为一个概算定额项目。如砖墙概算定额项目，就是以预算定额的砖砌体为主，综合考虑了钢筋混凝土构造柱、过梁、圈梁、混凝土烟道及相应现浇混凝土模板等预算定额中分项工程项目。

概算定额的编制方法主要有：①综合。以预算定额主要项目作为计量单位，然后按系数（或含量）综合其他次要项目而成。②归并。指将计算口径相同的相关项目进行合并。③简化。是改变项目的计量单位和采用系数办法，简化项目及工程量计算工作。④图算。概算定额的分项，综合简化成按标准（通用）图集的整体做法列项计算。

（二）概算指标

概算指标是以单项工程、单位工程、扩大分项工程为对象，反映完成一个规定计量单位建筑安装产品的经济消耗指标。

概算指标是一种计价定额，以整个建筑物和构筑物为对象，项目内容比概算定额更加综合与扩大。主要用于编制初步设计概算。建筑物、构筑物一般是以建筑面积、建筑体积、“座”“个”等为计算单位、成套设备装置一般以自然单位（如座、套、组等）为计量单位，而规定的单项工程、单位工程或分部工程所需资金数量及其人工、主要材料、机械台班消耗量。

按照规定对象，概算指标可分为两大类：一类是建筑工程概算指标，另一类是安装工程概算指标；按照指标包括内容的不同，可分为综合概算指标和单项概算指标两种形式。

综合概算指标是按照工业或民用建筑及其结构类型而制定的概算指标。综合概算指标的概括性较大，其准确性、针对性不如单项概算指标。

单项概算指标是指为某种建筑物或构筑物或成套设备而编制的概算指标。单项概算指标的针对性较强，故指标中对工程结构形式、设备情况等要做介绍。

概算指标的组成内容一般分为文字说明和列表形式两部分，以及必要的附录。

（三）投资估算指标

投资估算指标是以建设项目、单项工程、单位工程为对象，反映建设总投资及其各项费用构成的经济指标。

投资估算指标也是一种计价定额，主要用于编制投资估算，基本反映建设项目、单项工程、单位工程的相应费用指标，也可以反映其人、材、机消耗量。内容因行业的不同，表现形式各异。一般分为建设项目指标、单项工程指标和单位工程指标三个层次。

建设项目指标，一般应有工程总投资指标，是以生产能力（或其他计量单位）为计算单位的综合投资指标。

单项工程指标，一般系指组成建设项目的各单项工程的以生产能力（或其他计量单位）为计算单位的投资指标。它应包括单项工程的建筑安装工程费，设备、工器具购置费以及应列入单项工程投资的其他费用。

单位工程指标是按规定应列入能独立设计、施工的工程项目的费用，即建筑安装工程费用。

建设项目指标和单项工程指标需要说明所列项目的建设特点，工程内容组成，建筑结构特征，主要设备名称、型号、规格、数量（质量、台数）、单价，其他设备费占主要设备费的百分比，主要材料用量和基价等。

单位工程指标需要说明工程内容、建筑结构特征、主要工程量、主要材料量、其他材料费、人工合计工日数和平均等级以及机械使用费等。

投资估算指标一般还有附录，主要列出因建设地点的自然条件不同，设备材料价格（区分国内、外价格）的不同等对估算指标进行必要的调整换算所必需的有关规定或附表。

八、工程定额在交易预算编制中的应用

（一）预算方法的具体内容

1. 工料单价法

工料单价是指完成一个规定计量单位的分部分项工程项目或单价措施项目所需的人工费、材料费、施工机具使用费。工料单价法是指分部分项工程项目费和单价措施项目费的

单价按定额工料单价计算，总价措施项目费、企业管理费、利润、规费及税金等单独列项计算的一种方法。

定额工料单价可以直接采用定额基价（资源单价是定额编制基期的取定价格），然后通过补差价的方式，把资源单价从定额编制基期调整到造价计算时点，比较适合于利用分项工程的单位估价表进行抄录、计算的手工计价。原理计算式为：

单位工程的造价＝Σ（定额基价×分项计价工程量）＋Σ（各资源消耗总量×各资源单价差）＋总价措施费＋管理费＋利润＋规费＋税金

其中：

资源消耗总量＝Σ（定额资源消耗量×分部分项工程工程量）

资源单价差是指定额基期的人工、材料、施工机械的单价与造价编制时点相应的当时当地人工、材料、施工机械的单价之间的差额。

定额工料单价也可以采用预算编制基期的基价，即以预算编制基期的资源市场价格替换原定额基价取定的资源单价。比较适合于利用计算机软件计价。用公式表示为：

单位工程的造价＝Σ（预算编制基期的基价×分项计价工程量）＋总价措施费＋管理费＋利润＋规费＋税金

分项工程预算编制基期的基价＝Σ（分项的定额资源消耗量×资源现实单价）

2. 综合单价法

综合单价包括完成一个规定计量单位项目所需的人工费、材料（和工程设备）费、施工机具使用费和企业管理费、利润以及一定范围内的风险费用。综合单价法是指分部分项项目费及单价措施项目费的单价按综合单价计算，总价措施项目费、规费、税金单独列项计算的一种方法。原理计算式为：

单位工程的造价＝Σ（预算编制基期的综合单价×分项计价工程量）＋总价措施费＋规费＋税金

3. 预算实物量法

预算实物量法，也称实物法，是根据施工图、消耗量定额和预算工程量计算规则，对单位工程进行分项（切块）并计算预算工程量，以子项预算工程量与消耗量定额对应的资源（人工工日、材料、施工机械台班）消耗量配合计算相应子项各种资源消耗量，汇总各种资源总消耗量后再与各资源对应的市场单价配合，而后确定单位工程造价的方法。该方法是从西方市场经济国家的工程计价方法中借鉴来的，最大的特点是通过计算资源消耗量来编制施工图预算，比较适合于利用计算机软件计价，目前在我国的工程实践中应用并不普遍。这里所称实物或实物量，是指工程施工所消耗的人工工日、材料、机械台班等数量，不是实物工程量。原理计算式为：

$$单位工程的造价=\Sigma（各资源消耗总量\times各资源现实单价）+总价措施费+管理费+利润+规费+税金$$

$$单位工程某等级人工工日消耗总量=\Sigma（分项计价工程量\times定额某等级人工工日消耗量）$$

$$单位工程某种材料消耗总量=\Sigma（分项计价工程量\times定额某种材料消耗量）$$

$$单位工程某类施工机械消耗总量=\Sigma（分项计价工程量\times定额某类施工机械消耗量）$$

各种资源当时当地单价：指相应人工工日工资市场单价、相应材料市场单价、相应施工机械台班市场单价。

（二）交易预算编制的基本步骤

交易预算（也称为工程预算），是不实行招标投标的工程，根据施工图、施工方案、预算定额规定的项目划分及工程量计算规则计算，并按编制时期的人工、材料、机械台班单价、取费标准及预算编制办法编制的工程计价文件。交易预算可以用作建设单位的标底，也可以用作施工单位的报价，由于存在竞争因素，它比设计预算的编制更具挑战性。

交易预算重点是建筑安装工程费的计算，可以采用传统的工料单价法，也可以采用综合单价法，目前多数省份还是用工料单价法。本节重点讨论施工单位用定额工料单价法编制交易预算的内容。

（三）编制准备工作

施工图预算编制准备工作的主要内容包括：项目初步研究、现场勘查与沟通、确定编制大纲、调查和收集基础资料等。

需要特别注意的是，由于施工图预算主要是不实行招标投标的工程编制的工程计价文件。因此，一般没有像招标文件那样的系统描述发包人需求的文件。描述项目内容的主要文件可能只有施工图。而其他的影响计价的信息，可能需要计价人员主动衔接，比如，工期要求、质量要求、材料供应方式、承包方式、合同形式、付款设想等。项目初步研究阶段的施工图熟悉是在搞清设计意图的基础上，重点找出错、漏或表达不详尽以及需要发包人最终决策（如材料的档次、品牌等）的内容，以便后续沟通解决。

（四）熟悉计价定额

熟悉计价定额需要熟悉预算定额的项目划分、定额的相关说明和定额分项的工作内容等事项。

完成施工图预算的编制必须利用或参考当地的房屋建筑计价定额。尽管各地颁布的定额多是以全国统一定额为基础编制的，但其子项工程划分、工作内容以及表现形式并不完全相同，结合本地区的预算定额（基价）的实际进行定额。

（五）分项、计算工程量

1. 确定计算内容

确定计算内容，就是确定具体项目的分项，获得计价的工作分解结构，这是计算工程量的基础。

施工图预算的项目结构分解的主要依据是施工图的要求、施工方案确定的施工方法和预算定额规定的工作内容。最基础的方法是按定额（基价）顺序获得分解结构，就是按照基价册编号顺序，对照具体的施工图和施工方案确定计价具体分项：从定额（基价）册第一个子目开始，看其所示项目在施工图中是否有相应内容（或本项目施工是否需要该项目）。如果没有就继续对照往下审视，直到施工图与定额册项目内容一致，就记下项目编号和项目名称，列为一个计算分项，然后继续往下，直到最后一个项目。这是初学者确定计算内容的一个常用方法。

2. 熟悉预算工程量计算规则

预算工程量计算规则，就是前面所说的计价工程量计算规则，由于项目划分和计算原则的区别，它与工程量清单计算规则有许多差异，需要认真对待。

3. 计算工程量

计算工程量，主要依据设计图、施工方案和相关的预算工程量计算规则。一般根据划分完成的工程量计算项目，按照预算工程量计算规则的要求，逐个计算出各个子项的工程量，复核后按顺序进行列表汇总。

工程量计算应注意：工程量列项必须与设计图一致；工程量计算必须与分部分项工程（或结构构件）的计算规则项目划分统一；必须按照工程量计算规则进行工程量计算；计算结果必须准确。

（六）套定额、算价

这里仅以定额工料单价法为例进行介绍。读者可以自行梳理用综合单价法进行施工图预算计价的要点。

1. 询价、确定工料单价

计价需要获得各种资源的单价，一般需要通过询价获得。

需要指出的是，实行施工图预算计价的建设工程招标时，编制工程标底和投标报价确定工料单价的原则是有区别的。

编制工程标底时预算基价中的人工工日单价应参照政府有关部门发布的编制期的造价信息公布的人工费指数进行调整，施工企业编制投标报价时可自主确定或参考编制期的造价信息发布的参考系数计算。

编制工程标底时预算基价中的材料价格应参照编制期的造价信息发布的市场价格中准价和辅助材料价格指数进行调整，缺项可参考编制期的实际市场价格计算。施工企业编制投标报价时应按企业自有采购渠道自主确定或参考编制期的造价信息发布的市场价格计算。

施工机械台班单价，编制工程标底时应参照编制期的造价信息发布的指导价格和辅助机具价格指数计算。投标报价应参考市场机械租赁价格自主确定或参考编制期造价信息发布的指导价格计算。

2. 计算分部分项工程的直接工程费

手工计算分部分项工程的直接工程费一般以列表方式完成。

直接工程费是施工过程中耗费的构成工程实体的各项费用：

直接工程费=人工费+材料费+施工机具使用费

由于工程预算定额（基价）材料费中，有些项目不包括主材（如混凝土）的预算价格，这样就形成了按基价计算的费用中尚有一定数量的未计价材料费需要按其市场预算价格另行计算。

分项的未计价材料费=未计价材料消耗量×编制期市场材料单价=分项工程量×未计价材料定额消耗量×编制期市场材料单价

编制期市场材料单价是指按照预算价格计算范围换算的当时当地该材料的市场价格，是指材料从其来源地（或交货地点）到达施工工地仓库或指定堆放地点后的出库价格。

预算分部分项工程的直接工程费合价=Σ（工程量×编制期市场预算基价）+Σ未计价材料费

用工料单价法计算直接工程费的基本过程是：计算定额基期价格→工料分析测算资源消耗量→计算差价。这时预算分部分项工程的直接工程费合价的计算公式为：

预算分部分项工程的直接工程费合价=Σ（工程量×定额基价）+差价+Σ未计价材料费

计算定额基期价格分套定额和算价两个步骤。

套定额是指对已选定的计价子项正确选择定额单价，并正确录入（抄写）单价。套定额时一般将相应的内容填到工程预算表内。分项（子项）工程的名称，规格、计量单位与预算定额（或估价表）中所列内容完全一致，且材料中无未计价的，单价可以直接抄写。

而对于有未计价材料的要单独计价。当设计图与某些定额单价的特征不完全相符，而定额规定又允许换算时，定额单价需要换算或调整后，才能抄写进预算表。当设计图中的分项内容在定额上无对应分项（新内容或未编入）时，可以采用参考相近定额或编制补充单价(生项定额)。

算价包括计算合价、小计和合计。计算合价是指在计算表中，将每一子目工程量分别乘以单价的计算过程；把分部工程内所有分项工程的合价相加，就是分部小计；把各分部工程的小计相加称为合计。

工料机分析测算资源消耗量就是对工程所需要的各种人工、材料、机械台班的用量进行分析，进而统计出工程项目、单位工程及分部分项工程所需的各种人工数量、材料数量及机械台班用量。其原理是先用分项（子项）工程人工、材料、机械的单位用量（定额消耗量）乘以其工程量，然后逐级汇总得到单位工程（或单项工程、分部工程）的各种人工、材料、机械台班的消耗量。用计算公式表示为：

某资源的总消耗量=Σ 分项（子项）工程所需某资源的消耗量

=Σ（分项（子项）工程所需某资源定额消耗量×工程量）

某资源的总消耗量，指某工种、某技术等级人工工日的总消耗量、某种材料的总消耗量或某种施工机械台班的总消耗量。

工料机分析结果是估价的基础，是编制各种资源需要量计划的依据，同时也是进行标价宏观分析的前提和基础。将资源总用量除以面积或工程总造价可以得到每 $1m^2$资源消耗指标和每万元产值资源用量指标。

价差=Σ［某资源的总消耗量×（编制期某资源市场单价-定额基期某资源单价）］

3. 计算措施项目的直接工程费

措施项目的直接工程费主要有两种计算方式：①采用与计算分部分项工程直接工程费一样的“套定额”方式；②采用与计算企业管理费一样的“乘系数”方式。

对于单价措施项目，预算定额均按照计算分部分项工程直接工程费一样的方式，编制成相应的单位估价表，如脚手架、混凝土模板及支架、施工排水等，这样一来就可以直接套用这些措施项目基价，像计算分部分项工程直接工程费一样计算相关措施项目的直接工程费。对于总价措施项目，一般以单位工程的人工费或人工费与机械费之和或直接工程费为计算基数，乘以相应的费率来计算，即所谓的“乘系数”方式。

第四节 建筑面积计算规范

一、建筑面积的内涵

（一）建筑面积的含义与作用

建筑面积是以 m^2 为计量单位反映房屋建筑规模的实物量指标，是建筑物（包括墙体）所形成的楼地面面积，包括附属于建筑物的室外阳台、雨篷、檐廊、室外走廊、室外楼梯等的面积，应按自然层外墙结构外围水平面积之和计算。其量值按设计图标注尺寸计算，不是实际测量面积。

建筑面积是预测工程造价的一个重要基础数据，也是分析工程造价和工程设计经济合理性的一个基础指标；同时，建筑面积是国家进行建设工程数据统计、固定资产宏观调控的重要指标，还是房地产交易、工程承发包交易、建筑工程有关运营费用的核定等的一个关键指标。

（二）适用范围

面积计算规范包括总则、术语和计算建筑面积的规定 3 章，共 60 条。适用于新建、扩建、改建的工业与民用建筑工程建设从项目建议书、可行性研究报告至竣工验收、交付使用的全过程的建筑面积计算。而建筑本身必须结构牢固，属永久性建筑。

二、计算建筑面积的基本条件

建筑面积在工程造价计算中，具有标定计量对象价值的“计量用具”的作用，对于一幢建筑物，不同形态的建筑空间（指以建筑界面限定的、供人们生活和活动的场所，具备可出入、可利用条件）需要按照“每 $1m^2$ 建筑面积其价值应基本相当”的原则，确定各个建筑空间的建筑面积，使等量的建筑面积都含有相同的“工程造价”。因此，随着建筑空间的“围合度”和结构高度（层高或净高）的不断衰减，同样大小的建筑空间的建筑面积计算数值也随之减少，从“计算全面积”到“计算 1/2 面积”直至“不计算面积”。

三、不同建筑空间的面积计算

①建筑物的建筑面积应按自然层外墙结构外围水平面积之和计算。结构层高在2.20m及以上的，应计算全面积；结构层高在2.20m以下的，应计算1/2面积。②建筑物内设有局部楼层时，对于局部楼层的二层及以上楼层，有围护结构的应按其围护结构外围水平面积计算，无围护结构的应按其结构底板水平面积计算。结构层高在2.20m及以上的，应计算全面积；结构层高在2.20m以下的，应计算1/2面积。③形成建筑空间的坡屋顶，结构净高在2.10m及以上的部位应计算全面积；结构净高在1.20m及以上至2.10m以下的部位应计算1/2面积；结构净高在1.20m以下的部位不应计算建筑面积。④场馆看台下的建筑空间，结构净高在2.10m及以上的部位应计算全面积；结构净高在1.20m及以上至2.10m以下的部位应计算1/2面积；结构净高在1.20m以下的部位不应计算建筑面积。室内单独设置的有围护设施的悬挑看台，应按看台结构底板水平投影面积计算建筑面积。有顶盖无围护结构的场馆看台应按其顶盖水平投影面积的1/2计算面积。⑤地下室、半地下室应按其结构外围水平面积计算。结构层高在2.20m及以上的，应计算全面积；结构层高在2.20m以下的，应计算1/2面积。⑥出入口外墙外侧坡道有顶盖的部位，应按其外墙结构外围水平面积的1/2计算面积。⑦建筑物架空层（指仅有结构支撑而无外围护结构的开敞空间层）及坡地建筑物吊脚架空层，应按其顶板水平投影面积计算建筑面积。结构层高在2.20m及以上的，应计算全面积；结构层高在2.20m以下的，应计算1/2面积。⑧建筑物的门厅、大厅应按一层计算建筑面积，门厅、大厅内设置的走廊应按走廊结构底板水平投影面积计算建筑面积。结构层高在2.20m及以上的，应计算全面积；结构层高在2.20m以下的，应计算1/2面积。⑨建筑物间的架空走廊（指专门设置在建筑物的二层或二层以上，作为不同建筑物之间水平交通的空间），有顶盖和围护设施的，应按其围护结构外围水平面积计算全面积；无围护结构、有围护设施的，应按其结构底板水平投影面积计算1/2面积。⑩立体书库、立体仓库、立体车库，有围护结构的，应按其围护结构外围水平面积计算建筑面积；无围护结构、有围护设施的，应按其结构底板水平投影面积计算建筑面积。无结构层的应按一层计算，有结构层的应按其结构层面积分别计算。结构层高在2.20m及以上的，应计算全面积；结构层高在2.20m以下的，应计算1/2面积。⑪有围护结构的舞台灯光控制室，应按其围护结构外围水平面积计算建筑面积。结构层高在2.20m及以上的，应计算全面积；结构层高在2.20m以下的，应计算1/2面积。⑫附属在建筑物外墙的落地橱窗（指凸出外墙面且根基落地的用来展览各种样品的玻璃窗），应按其围护结构外围水平面积计算建筑面积。结构层高在2.20m及以上的，应计算全面积；结构层高

在2.20m以下的，应计算1/2面积。⑬窗台与室内楼地面高差在0.45m以下且结构净高在2.10m及以上的凸（飘）窗（指凸出建筑物外墙面的窗户），应按其围护结构外围水平面积计算1/2面积。⑭有围护设施的室外走廊（挑廊），应按其结构底板水平投影面积计算1/2面积；有围护设施（或柱）的檐廊（指建筑物挑檐下的水平交通空间），应按其围护设施（或柱）外围水平面积计算1/2面积。⑮门斗（指建筑物入口处两道门之间的空间）应按其围护结构外围水平面积计算建筑面积。结构层高在2.20m及以上的，应计算全面积；结构层高在2.20m以下的，应计算1/2面积。⑯门廊（指建筑物入口前有顶棚的半围合空间）应按其顶板的水平投影面积的1/2计算建筑面积；有柱雨篷应按其结构板水平投影面积的1/2计算建筑面积；无柱雨篷的结构外边线至外墙结构外边线的宽度在2.10m及以上的，应按雨篷结构板水平投影面积的1/2计算建筑面积。⑰设在建筑物顶部的、有围护结构的楼梯间、水箱间、电梯机房等，结构层高在2.20m及以上的应计算全面积；结构层高在2.20m以下的，应计算1/2面积。⑱围护结构不垂直于水平面的楼层，应按其底板面的外墙外围水平面积计算建筑面积。结构净高在2.10m及以上的部位，应计算全面积；结构净高在1.20m及以上至2.10m以下的部位，应计算1/2面积；结构净高在1.20m以下的部位，不应计算建筑面积。⑲建筑物的室内楼梯、电梯井、提物井、管道井、通风排气竖井、烟道，应并入建筑物的自然层计算建筑面积。有顶盖的采光井应按一层计算面积，结构净高在2.10m及以上的，应计算全面积；结构净高在2.10m以下的，应计算1/2面积。⑳室外楼梯应并入所依附建筑物自然层，并应按其水平投影面积的1/2计算建筑面积。㉑在主体结构内的阳台，应按其结构外围水平面积计算全面积；在主体结构外的阳台，应按其结构底板水平投影面积计算1/2面积。㉒有顶盖无围护结构的车棚、货棚、站台、加油站、收费站等，应按其顶盖水平投影面积的1/2计算建筑面积。㉓以幕墙作为围护结构的建筑物，应按幕墙外边线计算建筑面积。㉔建筑物的外墙外保温层，应按其保温材料的水平截面积计算，并计入自然层建筑面积。㉕与室内相通的变形缝，应按其自然层合并在建筑物建筑面积内计算。对于高低联跨的建筑物，当高低跨内部连通时，其变形缝应计算在低跨面积内。㉖对于建筑物内的设备层、管道层、避难层等有结构层的楼层，结构层高在2.20m及以上的，应计算全面积；结构层高在2.20m以下的，应计算1/2面积。㉗下列项目不应计算建筑面积：与建筑物内不相连通的建筑部件；骑楼（指建筑底层沿街面后退且留出公共人行空间的建筑物）、过街楼（指跨越道路上空并与两边建筑相连接的建筑物）底层的开放公共空间和建筑物通道；舞台及后台悬挂幕布和布景的天桥、挑台等；露台、露天游泳池、花架、屋顶的水箱及装饰性结构构件；建筑物内的操作平台、上料平台、安装箱和罐体的平台；勒脚、附墙柱、垛、台阶、墙面抹灰、装饰面、镶贴块料面层、装饰性幕墙，主体结构外的空调室外机搁板（箱）、构件、配件，挑出宽度在

2. 10m 以下的无柱雨篷和顶盖高度达到或超过两个楼层的无柱雨篷；窗台与室内地面高差在 0. 45m 以下且结构净高在 2. 10m 以下的凸（飘）窗，窗台与室内地面高差在 0. 45m 及以上的凸（飘）窗；室外爬梯、室外专用消防钢楼梯；无围护结构的观光电梯；建筑物以外的地下人防通道，独立的烟囱、烟道、地沟、油（水）罐、气柜、水塔、贮油（水）池、贮仓、栈桥等构筑物。

第五节　市场价格信息

已完或在建工程的各种造价信息，可以为拟建工程或在建工程造价提供依据。已完工程数据库信息资料的建立和应用是工程造价管理过程当中的一个重要环节内容，如果建立起一个比较完善的数据库系统，并且在实际过程当中能够很好地被利用，那么就可以显而易见地标志着工程造价管理水平得到了进一步提高，有着实实在在的意义和作用。

一、价格数据

价格数据包括各种设备、建筑材料、装修材料、安装材料、园林绿化植物、人工工资、施工机械台班等的最新市场价格。这些信息是比较初级的，一般没有经过系统的加工处理，故称其为数据。

二、指数

指数主要指根据原始价格信息加工整理得到的各种工程造价指数。

工程造价指数是反映一定时期的工程造价相对于某一固定时期的工程造价变化程度的比值或比率的一种指标，它是调整工程造价价差的依据。工程造价指数按其反映的内容和用途可以分为单项价格指数和综合造价指数。

单项价格指数包括反映各类工程的人工费、材料费、施工机械使用费报告期价格对基期价格的变化程度的指标。

综合造价指数包括单位工程造价指数、单项工程造价指数、建设项目工程造价指数。

根据造价资料的期限长短来分类，也可以把工程造价指数分为时点造价指数、月指数、季指数和年指数等。

按工程造价构成要素划分，也可以把工程造价指数分为人工、材料、机械价格指数等。

第三章　工程决策阶段造价管理

第一节　项目决策阶段影响工程造价的主要因素

一、项目决策的概念

项目决策是指投资者在调查分析、研究的基础上，选择和决定投资行动方案的过程，是对拟建项目的必要性和可行性进行技术经济论证，对不同建设方案进行技术经济比较并做出判断和决定的过程。项目决策的正确与否，直接关系到项目建设的成败，关系到工程造价的高低及投资效果的好坏。总之，项目决策是投资行动的准则，正确的项目投资行动来源于正确的项目决策，正确的决策是正确估算和有效控制工程造价的前提。

二、项目决策与工程造价的关系

（一）项目决策的正确性是工程造价合理性的前提

项目决策正确，意味着对项目建设做出科学的决断，优选出最佳投资行动方案，达到资源的合理配置，在此基础上合理地估算工程造价，在实施最优投资方案过程中，有效控制工程造价。项目决策失误，如项目选择的失误、建设地点的选择错误，或者建设方案的不合理等，会带来不必要的资金投入，甚至造成不可弥补的损失。因此，为达到工程造价的合理性，事先就要保证项目决策的正确性，避免决策失误。

（二）项目决策的内容是决定工程造价的基础

决策阶段是项目建设全过程的起始阶段，决策阶段的工程计价对项目全过程的造价起着宏观控制的作用。决策阶段各项技术经济决策，对该项目的工程造价具有重大影响，特别是建设标准的确定、建设地点的选择、工艺的评选、设备的选用等，其直接关系到工程造价的高低。据有关资料统计，在项目建设各阶段中，投资决策阶段影响工程造价的程度最高，达到70%~90%。因此，决策阶段是决定工程造价的基础阶段。

（三）项目决策的深度影响投资估算的精确度

投资决策是一个由浅入深、不断深化的过程，不同阶段决策的深度不同，投资估算的精确度也不同。如在项目规划和项目建议书阶段，投资估算的误差率为±30%；而在详细可行性研究阶段，投资估算的误差率为±10%。在项目建设的各个阶段，通过工程造价的确定与控制，形成相应的投资估算、设计概算、施工图预算、合同价、结算价和竣工决算价，各造价形式之间存在着前者控制后者，后者补充前者的相互作用关系。因此，只有加强项目决策的深度，采用科学的估算方法和可靠的数据资料，合理地计算投资估算，才能保证其他阶段的造价被控制在合理范围，避免“三超”现象的发生，继而实现投资控制目标。

（四）工程造价的数额影响项目决策的结果

项目决策影响着项目造价的高低以及拟投入资金的多少；反之亦然。项目决策阶段形成的投资估算是进行投资方案选择的重要依据之一，同时，也是决定项目是否可行及主管部门进行项目审批的参考依据。因此，项目投资估算的数额，从某种程度上也影响着项目决策。

三、影响工程造价的主要因素

在项目决策阶段，影响工程造价的主要因素包括建设规模、建设地区及建设地点（厂址）、技术方案、设备方案、工程方案、环境保护措施等。

（一）建设规模

建设规模也称项目生产规模，是指项目在其设定的正常生产营运年份可能达到的生产能力或者使用效益。在项目决策阶段应选择合理的建设规模，以达到规模经济的要求。但规模扩大所产生的效益不是无限的，它受到技术进步、管理水平、项目经济技术环境等多种因素的制约。

1. 制约项目规模合理化的主要因素

制约项目规模合理化的主要因素包括市场因素、技术因素及环境因素等。合理地处理好这三个因素之间的关系，对确定项目合理的建设规模，从而控制好投资十分重要。

（1）市场因素

市场因素是确定建设规模须考虑的首要因素。①市场需求状况是确定项目生产规模的前提。通过对产品市场需求的科学分析与预测，在准确把握市场需求状况、及时了解竞争对手情况的基础上，最终确定项目的最佳生产规模。一般情况下，项目的生产规模应以市场预测的需求量为限，并根据项目产品市场的长期发展趋势做相应调整，确保所建项目在未来能够保持合理的盈利水平和持续发展的能力。②原材料市场、资金市场、劳动力市场等对建设规模的选择起着不同程度的制约作用。例如，项目规模过大可能导致原材料供应紧张和价格上涨，造成项目所需投资资金的筹集困难和资金成本上升等，将制约项目的规模。③市场价格分析是制定营销策略和影响竞争力的主要因素。市场价格预测应综合考虑影响预期价格变动的各种因素，对市场价格做出合理的预测。根据项目具体情况，可选择采用回归法或比价法进行预测。④市场风险分析是确定建设规模的重要依据。在可行性研究中，市场风险分析是指对未来某些重大不确定因素发生的可能性及其对项目可能造成的损失进行的分析，并提出风险规避措施。市场风险分析可采用定性分析或定量分析的方法。

（2）技术因素

先进适用的生产技术及技术装备是项目规模效益赖以存在的基础，而相应的管理技术水平则是实现规模效益的保证。若与经济规模生产相适应的先进技术及其装备的来源没有保障，或获取技术的成本过高，或管理水平跟不上，不仅达不到预期的规模效益，还会给项目的生存和发展带来危机，导致项目投资效益低下、工程造价支出严重浪费。

（3）环境因素

项目的建设、生产和经营都离不开一定的社会经济环境，项目规模确定中需要考虑的主要环境因素有政策因素、燃料动力供应、协作及土地条件、运输及通信条件。其中，政策因素包括产业政策、投资政策、技术经济政策，以及国家、地区及行业经济发展规划等。特别是为了取得较好的规模效益，国家对部分行业的新建项目规模做了下限规定，选择项目规模时应予以遵照执行。

不同行业、不同类型项目确定建设规模，还应分别考虑以下因素：①对于煤炭、金属与非金属矿山、石油、天然气等矿产资源开发项目，在确定建设规模时，应充分考虑资源合理开发利用要求和资源可采储量、赋存条件等因素。②对于水利水电项目，在确定建设规模时，应充分考虑水的资源量、可开发利用量、地质条件、建设条件、库区生态影响、占用土地以及移民安置等因素。③对于铁路、公路项目，在确定建设规模时，应充分考虑建设项目影响区域内一定时期运输量的需求预测，以及该项目在综合运输系统和本系统中的作用确定线路等级、线路长度和运输能力等因素。④对于技术改造项目，在确定建设规模时，应充分研究建设项目生产规模与企业现有生产规模的关系；新建生产规模属于外延型还是外延内涵复合型，以及利用现有场地、公用工程和辅助设施的可能性等因素。

2. 建设规模方案比选

在对以上三个方面进行充分考核的基础上，应确定相应的产品方案、产品组合方案和项目建设规模。可行性研究报告应根据经济合理性、市场容量、环境容量以及资金、原材料和主要外部协作条件等方面的研究，对项目建设规模进行充分论证，必要时进行多方案技术经济比较。大型、复杂项目的建设规模论证应研究合理、优化的工程分期，明确初期规模和远景规模。不同行业、不同类型项目在研究确定其建设规模时还应充分考虑其自身特点。项目合理建设规模的确定方法包括以下几点：

（1）盈亏平衡产量分析法

通过分析项目产量与项目费用和收入的变化关系，找出项目的盈亏平衡点，以探求项目合理建设规模。当产量提高到一定程度，如果继续扩大规模，项目就出现亏损，此点称为项目的最大规模盈亏平衡点。当规模处于这两点之间时项目盈利，所以，这两点是合理建设规模的下限和上限，可作为确定合理经济规模的依据之一。

（2）平均成本法

最低成本和最大利润属“对偶现象”。成本最低，利润最大；成本最大，利润最低。因此，可以通过争取达到项目最低平均成本，来确定项目的合理建设规模。

（3）生产能力平衡法

在技改项目中，可采用生产能力平衡法来确定合理生产规模。最大工序生产能力法是以现有最大生产能力的工序为标准，逐步填平补齐，成龙配套，使之满足最大生产能力的设备要求。最小公倍数法是以项目各工序生产能力或现有标准设备的生产能力为基础，并以各工序生产能力的最小公倍数为准，通过填平补齐，成龙配套，形成最佳的生产规模。

（4）政府或行业规定

为了防止投资项目效率低下和资源浪费，国家对某些行业的建设项目规定了规模界限。投资项目的规模，必须满足这些规定。

经过多方案比较，在项目建议书阶段，应提出项目建设（或生产）规模的倾向意见，报上级机构审批。

（二）建设地区及建设地点（厂址）

在一般情况下，确定某个建设项目的具体地址（或厂址），需要经过建设地区选择和建设地点（厂址）选择两个不同层次、相互联系又相互区别的工作阶段，二者之间是一种递进关系。其中，建设地区选择是指在几个不同地区之间对拟建项目适宜配置的区域范围的选择；建设地点选择则是对项目具体坐落位置的选择。

1. 建设地区的选择

建设地区选择得合理与否，在很大程度上决定着拟建项目的命运，影响着工程造价的高低、建设工期的长短、建设质量的好坏，还影响到项目建成后的运营状况。因此，建设地区的选择要充分考虑各种因素的制约，具体要考虑以下因素：①要符合国民经济发展战略规划、国家工业布局总体规划和地区经济发展规划的要求；②要根据项目的特点和需要，充分考虑原材料条件、能源条件、水源条件、各地区对项目产品需求及运输条件等；③要综合考虑气象、地质、水文等建厂的自然条件；④要充分考虑劳动力来源、生活环境、协作、施工力量、风俗文化等社会环境因素的影响。

因此，在综合考虑上述因素的基础上，建设地区的选择应遵循以下两个基本原则：

（1）靠近原料、燃料提供地和产品消费地的原则

满足这一原则，在项目建成投产后，可以避免原料、燃料和产品的长期远途运输，减少运输费用，降低产品的生产成本，并且缩短流通时间，加快流动资金的周转速度。但这一原则并不意味着将项目安排在距原料、燃料提供地和产品消费地的等距离范围内，而是根据项目的技术经济特点和要求，具体对待。例如，对农产品、矿产品的初步加工项目，由于大量消耗原料，应尽可能靠近原料产地；对于能耗高的项目，如铝厂、电石厂等，宜靠近电厂，由此带来的减少电能输送损失所获得的利益，通常大大超过原料、半成品调运中的劳动耗费；而对于技术密集型的建设项目，由于大中城市工业和科学技术力量雄厚，协作配套条件完备、信息灵通，所以其选址宜在大中城市。

（2）工业项目适当聚集的原则

在工业布局中，通常是将一系列相关的项目聚成适当规模的工业基地和城镇，从而有利于发挥“集聚效益”。对各种资源和生产要素充分利用，便于形成综合生产能力，便于统一建设比较齐全的基础结构设施，避免重复建设，节约投资。另外，还能为不同类型的劳动者提供多种就业机会。

但当工业聚集超越客观条件时，也会带来许多弊端，促使项目投资增加，经济效益下降。这主要是因为：第一，各种原料、燃料需要量大增，原料、燃料和产品的运输距离延长，流通过程中的劳动耗费增加；第二，城市人口相对集中，形成对各种农副产品的大量需求，势必增加城市农副产品供应的费用；第三，生产和生活用水量大增，在本地水源不足时，需要开辟新的水源，远距离引水，耗资巨大；第四，大量生产和生活排泄物集中排放，势必造成环境污染、生态平衡破坏，为保持环境质量，不得不增加环境保护费用。当工业聚集带来的“外部不经济性”的总和超过生产聚集带来的利益时，综合经济效益反而

下降，这就表明聚集程度已超过经济合理的界限。

2. 建设地点（厂址）的选择

遵照上述原则确定建设区域范围后，具体的建设地点（厂址）的选择又是一项极为复杂的技术经济综合性很强的系统工程。它不仅涉及项目建设条件、产品生产要素、生态环境和未来产品销售等重要问题，受社会、政治、经济、国防等诸多因素的制约，而且还直接影响到项目建设投资、建设速度和施工条件，以及未来企业的经营管理及所在地点的城乡建设规划与发展。因此，必须从国民经济和社会发展的全局出发，运用系统观点和方法分析决策。

（1）选择建设地点（厂址）的要求

①节约土地，少占耕地，降低土地补偿费用。项目的建设应尽量将厂址选择在荒地、劣地、山地和空地，不占或少占耕地，力求节约用地。与此同时，还应注意节省土地的补偿费用，降低工程造价。②减少拆迁移民数量。项目建设的选址、选线应着眼少拆迁、少移民，尽可能不靠近、不穿越人口密集的城镇或居民区，减少或不发生拆迁安置费，降低工程造价。若必须拆迁移民，则应制订详尽的征地拆迁移民安置方案，充分考虑移民数量、安置途径、补偿标准、拆迁安置工作量和所需资金等，作为前期费用计入项目投资成本。③应尽量选在工程地质、水文地质条件较好的地段，土壤耐压力应满足拟建厂的要求，严防选在断层、熔岩、流沙层与有用矿床上，以及洪水淹没区、已采矿坑塌陷区、滑坡区。建设地点（厂址）的地下水水位应尽可能低于地下建筑物的基准面。④要有利于厂区合理布置和安全运行。厂区土地面积与外形能满足厂房与各种构筑物的需要，并适合按科学的工艺流程布置厂房与构筑物，满足生产安全要求。厂区地形力求平坦而略有坡度（一般以5%~10%为宜），以减少平整土地的土方工程量，节约投资，又便于地面排水。⑤应尽量靠近交通运输条件和水电供应等条件好的地方。建设地点（厂址）应靠近铁路、公路、水路，以缩短运输距离，减少建设投资和未来的运营成本；建设地点（厂址）应设在供电、供热和其他协作条件便于取得的地方，有利于施工条件的满足和项目运营期间的正常运作。⑥应尽量减少对环境的污染。对于排放大量有害气体和烟尘的项目，不能建在城市的上风口，以免对整个城市造成污染；对于噪声大的项目，建设地点（厂址）应远离居民集中区，同时，要设置一定宽度的绿化带，以减弱噪声的干扰；对于生产或使用易燃、易爆、辐射产品的项目，建设地点（厂址）应远离城镇和居民密集区。

上述条件的满足与否，不仅关系到建设工程造价的高低和建设期限，还关系到项目投产后的运营状况。因此，在确定厂址时，也应对方案进行技术经济分析、比较，选择最佳建设地点（厂址）。

（2）建设地点（厂址）选择时的费用分析

在进行厂址多方案技术经济分析时，除比较上述建设地点（厂址）条件外，还应具有全寿命周期的理念，从项目投资费用和项目投产后生产经营费用两个方面进行分析。①项目投资费用比较。它包括土地征购费、拆迁补偿费、土石方工程费、运输设施费、排水及污水处理设施费、动力设施费、生活设施费、临时设施费、建材运输费等。②项目投产后生产经营费用比较。它包括原材料、燃料运入及产品运出费用，给水、排水、污水处理费用，动力供应费用等。

（3）建设地点（厂址）方案的技术经济论证

建设地点（厂址）选址方案的技术经济论证，不仅是寻求合理的经济和技术决策的必要手段，还是项目选址工作的重要组成部分。在项目选址工作中，通过实地调查和基础资料的收集，拟订项目选址的备选方案，并对各种方案进行技术经济论证，确定最佳厂址方案。建设地点（厂址）方案比较的主要内容有建设条件比较、建设费用比较、经营费用比较、运输费用比较、环境影响比较和安全条件比较。

（三）技术方案

技术方案是指产品生产所采用的工艺流程和生产方法。在建设规模和建设地区及地点确定后，具体的工程技术方案的确定，在很大程度上影响着工程建设成本以及建成后的运营成本。技术方案的选择直接影响项目的工程造价，因此，必须遵照以下原则，认真评价和选择拟采用的技术方案。

1. 技术方案选择的基本原则

（1）先进适用

先进适用是评定技术方案最基本的标准。保证工艺技术的先进性是首先要满足的，它能够带来产品质量、生产成本的优势。但在技术方案选择时不能单独强调先进而忽略适用，而应在满足先进的同时，结合我国国情和国力，考察工艺技术是否符合我国的技术发展政策。总之，要根据国情和建设项目的经济效益，综合考虑先进与适用的关系。对于拟采用的工艺，除必须保证能用指定的原材料按时生产出符合数量、质量要求的产品外，还要考虑与企业的生产和销售条件（包括原有设备能否配套，技术和管理水平、市场需求、原材料种类等）是否相适应，特别要考虑到原有设备能否利用，技术和管理水平能否跟上。

（2）安全可靠

项目所采用的技术或工艺，必须经过多次试验和实践证明是成熟的，技术过关，质量可靠，安全稳定，有详尽的技术分析数据和可靠性记录，并且生产工艺的危害程度控制在国家规定的标准之内，才能确保生产安全、高效运行，发挥项目的经济效益。对于核电站、产生有毒有害和易燃易爆物质的项目（比如油田、煤矿等）及水利枢纽等项目，更应重视技术的安全性和可靠性。

（3）经济合理

经济合理是指所用的技术或工艺应讲求经济效益，以最小的消耗取得最佳的经济效果，要求综合考虑所用工艺所能产生的经济效益和国家的经济承受能力。在可行性研究中可能提出几种不同的技术方案，各方案的劳动需要量、能源消耗量、投资数量等可能不同，在产品质量和产品成本等方面可能也有差异，应反复进行比较，从中挑选最经济合理的技术或工艺。

2. 技术方案选择的内容

（1）生产方法选择

生产方法是指产品生产所采用的制作方法，生产方法直接影响生产工艺流程的选择。一般在选择生产方法时，一是研究分析与项目产品相关的国内外生产方法的优缺点，并预测未来发展趋势，积极采用先进适用的生产方法；二是研究拟采用的生产方法是否与采用的原材料相适应，避免出现生产方法与供给原材料不匹配的现象；三是研究拟采用生产方法的技术来源的可得性，若采用引进技术或专利，应比较所需费用；四是研究拟采用生产方法是否符合节能和清洁的要求，应尽量选择节能环保的生产方法。

（2）工艺流程方案选择

工艺流程是指投入物（原料或半成品）经过有序的生产加工，成为产出物（产品或加工品）的过程。选择工艺流程方案的具体内容包括研究工艺流程方案对产品质量的保证程度；研究工艺流程各工序间的合理衔接，工艺流程应通畅、简捷；研究选择先进合理的物料消耗定额，提高收益；研究选择主要工艺参数；研究工艺流程的柔性安排，既能保证主要工序生产的稳定性，又能根据市场需求变化，使生产的产品在品种规格上保持一定的灵活性。

（3）工艺方案的比选

工艺方案比选的内容包括技术的先进程度、可靠程度和技术对产品质量性能的保证程度、技术对原材料的适应性、工艺流程的合理性、自动化控制水平、估算本国及外国各种工艺方案的成本、成本耗费水平、对环境的影响程度等技术经济指标。工艺改造项目工艺方案的比选论证，还应与原有的工艺方案进行比较。

比选论证后提出的推荐方案，应绘制主要的工艺流程图，编制主要物料平衡表，主要原材料、辅助材料以及水、电、气等消耗量图表。

（四）设备方案

在确定生产工艺流程和生产技术后，应根据工厂生产规模和工艺过程的要求，选择设备的型号和数量。设备的选择与技术密切相关，二者必须匹配。没有先进的技术，再好的设备也没用，没有先进的设备，技术的先进性无法体现。

1. 设备方案选择应符合的要求

①主要设备方案应与确定的建设规模、产品方案和技术方案相适应，并满足项目投产后生产或使用的要求；②主要设备之间、主要设备与辅助设备之间的生产或使用性能要相互匹配；③设备质量应安全可靠、性能成熟，保证生产和产品质量稳定；④在保证设备性能的前提下，力求经济合理；⑤选择的设备应符合政府部门或专门机构发布的技术标准要求。

2. 设备选用应注意的问题

（1）要尽量选用国产设备

凡国内能够制造，且能保证质量、数量和按期供货的设备，或者进口一些技术资料就能仿制的设备，原则上必须国内生产，不必从国外进口；凡只要引进关键设备就能由国内配套使用的，就不必成套引进。

（2）要注意进口设备之间以及国内外设备之间的衔接配套问题

有时一个项目从国外引进设备时，为了考虑各供应厂家的设备特长和价格等问题，可能分别向几家制造厂购买。这时，就必须注意各厂所供设备之间技术、效率等方面的衔接配套问题。为了避免各厂所供设备不能配套衔接，引进时最好采用总承包的方式。还有一些项目，一部分为进口国外设备，另一部分则引进技术由国内制造。这时，也必须注意国内外设备之间的衔接配套问题。

（3）要注意进口设备与原有国产设备、厂房之间的配套问题

主要应注意本厂原有国产设备的质量、性能与引进设备是否配套，以免因国内外设备能力不平衡而影响生产。对于利用原有厂房安装引进设备的项目，应全面掌握原有厂房的结构、面积、高度以及原有设备的情况，以免设备到厂后安装不下或互不适应而造成浪费。

（4）要注意进口设备与原材料、备品备件及维修能力之间的配套问题

应尽量避免引进设备所用的主要原料需要进口，如果必须从国外引进时，应安排国内有关厂家尽快研制这种原料。采用进口设备，还必须同时组织国内研制所需备品备件问题，避免有些备件在厂家输出技术或设备之后不久就被淘汰，从而保证设备长期发挥作用。另外，对于进口的设备，还必须懂得设备的操作和维修，否则设备的先进性就可能达

不到充分发挥。在外商派人调试安装时，可培训国内技术人员及时学会操作，必要时也可派人出国培训。

（五）工程方案

工程方案选择是在已选定项目建设规模、技术方案和设备方案的基础上，研究论证主要建筑物、构筑物的建造方案，包括对于建筑标准的确定。

1. 工程方案选择应满足的基本要求

（1）满足生产使用功能要求

确定项目的工程内容、建筑面积和建筑结构时，应满足生产和使用的要求。分期建设的项目，应留有适当的发展余地。

（2）适应已选定的场址（线路走向）

在已选定的场址（线路走向）范围内，合理布置建筑物、构筑物，以及地上、地下管网的位置。

（3）符合工程标准规范要求

建筑物、构筑物的基础、结构和所采用的建筑材料，应符合政府部门或者专门机构发布的技术标准规范要求，确保工程质量。

（4）经济合理

工程方案在满足使用功能、确保质量的前提下，力求降低造价、节约建设资金。

2. 工程方案研究内容

①一般工业项目的厂房、工业窑炉、生产装置等建筑物、构筑物的工程方案，主要研究其建筑特征（面积、层数、高度、跨度），建筑物、构筑物的结构形式，以及特殊建筑要求（防火、防爆、防腐蚀、隔声、隔热等），基础工程方案，抗震设防等。②矿产开采项目的工程方案主要研究开拓方式，根据矿体分布、形态、地质构造等条件，结合矿产品位、可采资源量，确定井下开采或者露天开采的工程方案。这类项目的工程方案将直接转化为生产方案。③铁路项目工程方案的主要研究内容包括线路、路基、轨道、桥涵、隧道、站场及通信信号等方案。④水利水电项目工程方案的主要研究内容包括防洪、治涝、灌溉、供水、发电等工程方案。水利枢纽和水库工程主要研究坝址、坝型、坝体建筑结构、坝基处理以及各种建筑物、构筑物的工程方案。同时，还应研究提出库区移民安置的工程方案。

（六）环境保护措施

建设项目一般会引起项目所在地自然环境、社会环境和生态环境的变化，对环境状况、环境质量产生不同程度的影响，因此，需要在确定厂址方案和技术方案时，对所在地的环境条件进行充分的调查研究，识别和分析拟建项目影响环境的因素，并提出治理和保护环境的措施，比选和优化环境保护方案。

1. 环境保护的基本要求

工程建设项目应注意保护厂址及其周围地区的水土资源、海洋资源、矿产资源、森林植被、文物古迹、风景名胜等自然环境和社会环境。其环境保护措施应坚持以下原则：①符合国家环境保护相关法律、法规以及环境功能规划的整体要求；②坚持污染物排放总量控制和达标排放的要求；③坚持“三同时原则”，即环境治理措施应与项目的主体工程同时设计、同时施工、同时投产使用；④力求环境效益与经济效益相统一，工程建设与环境保护必须同步规划、同步实施、同步发展，全面规划，合理布局，统筹安排好工程建设和环境保护工作，力求环境保护治理方案技术可行和经济合理；⑤注重资源综合利用和再利用，对项目在环境治理过程中产生的废气、废水、固体废弃物等，应提出回水处理和再利用方案。

2. 环境治理措施方案

对于在项目建设过程中涉及的污染源和排放的污染物等，应根据其性质的不同，采用有针对性的治理措施。

①废气污染治理，可采用冷凝、活性炭吸附法、催化燃烧法、催化氧化法、酸碱中和法、等离子法等方法。②废水污染治理，可采用物理法（如重力分离、离心分离、过滤、蒸发结晶、高磁分离等）、化学法（如中和、化学凝聚、氧化还原等）、物理化学法（如离子交换、电渗析、反渗透、气泡悬上分离、汽提吹脱、吸附萃取等）、生物法（如自然氧池、生物滤化、活性污泥、厌氧发酵）等方法。③固体废弃物污染治理，有毒废弃物可采用防渗漏池堆存；放射性废弃物可采用封闭固化；无毒废弃物可采用露天堆存；生活垃圾可采用卫生填埋、堆肥、生物降解或者焚烧方式处理；利用无毒害固体废弃物加工制作建筑材料或者作为建材添加物，进行综合利用。④粉尘污染治理，可采用过滤除尘、湿式除尘、电除尘等方法。⑤噪声污染治理，可采用吸声、隔声、减振、隔振等措施。⑥建设和生产运营引起环境破坏的治理。对岩体滑坡、植被破坏、地面塌陷、土壤劣化等，也应提出相应治理方案。

3. 环境治理方案比选

对环境治理的各局部方案和总体方案进行技术经济比较，做出综合评价，并提出推荐方案。环境治理方案比选的主要内容包括以下几项：①技术水平对比，分析对比不同环境保护治理方案所采用的技术和设备的先进性、适用性、可靠性和可得性；②治理效果对比，分析对比不同环境保护治理方案在治理前及治理后环境指标的变化情况，以及能否满足环境保护法律法规的要求；③管理及监测方式对比，分析对比各种治理方案所采用的管理和监测方式的优缺点；④环境效益对比，将环境治理保护所需投资和环保措施运行费用与所获得的收益相比较，并将分析结果作为方案比选的重要依据。

第二节　工程投资估算

一、工程投资估算的概念和作用

（一）投资估算的概念

投资估算是在投资决策阶段，以方案设计或可行性研究文件为依据，按照规定的程序、方法和依据，对拟建项目所需总投资及其构成进行的预测和估计，是在研究并确定项目的建设规模、产品方案、技术方案、工艺技术、设备方案、厂址方案、工程建设方案以及项目进度计划等基础上，依据特定的方法，估算项目从筹建、施工直至建成投产所需全部建设资金总额并测算建设期各年资金使用计划的过程。投资估算的成果文件称作投资估算书，简称投资估算。投资估算书是项目建议书或可行性研究报告的重要组成部分，是项目决策的重要依据。

（二）投资估算的作用

投资估算作为论证拟建项目的重要经济文件，既是建设项目技术经济评价和投资决策的重要依据，又是该项目实施阶段投资控制的目标值。投资估算在建设工程的投资决策、造价控制、筹集资金等方面都有重要的作用。

①项目建议书阶段的投资估算，是项目主管部门审批项目建议书的依据之一，也是编制项目规划、确定建设规模的参考依据。②项目可行性研究阶段的投资估算，是项目投资决策的重要依据，也是研究、分析、计算项目投资经济效果的重要条件。当可行性研究报告被批准后，其投资估算额将作为设计任务书中下达的投资限额，即建设项目投资的最高限额，不得随意突破。③项目投资估算是设计阶段造价控制的依据，投资估算一经确定，即成为限额设计的依据，用以对各设计专业实行投资切块分配，作为控制和指导设计的尺度。④投资估算可作为项目资金筹措及制订建设贷款计划的依据，建设单位可根据批准的项目投资估算额，进行资金筹措和向银行申请贷款。⑤投资估算是核算建设项目固定资产

投资需要额和编制固定资产投资计划的重要依据。⑥投资估算是建设工程设计招标、优选设计单位和设计方案的重要依据。在工程设计招标阶段，投标单位报送的投标书中包括项目设计方案、项目的投资估算和经济性分析，招标单位根据投资估算对各项设计方案的经济合理性进行分析、衡量、比较，在此基础上择优确定设计单位和设计方案。

二、投资估算的阶段划分与精度要求

投资估算是进行建设项目技术经济评价和投资决策的基础。在项目建议书、初步可行性研究、可行性研究、方案设计阶段（包括概念方案设计和报批方案设计）以及项目申报报告中应编制投资估算。投资估算的准确性不仅影响可行性研究工作的质量和经济评价结果，还直接关系到下一阶段设计概算和施工图预算的编制。因此，应全面、准确地对建设项目建设总投资进行投资估算。

第一，项目建议书阶段的投资估算。项目建议书阶段的投资估算是指按项目建议书中的产品方案、项目建设规模、产品主要生产工艺、企业车间组成、初选建厂地点等，估算建设项目所需投资额。此阶段的项目投资估算是审批项目建议书的依据，是判断项目是否需要进行下一个阶段工作的依据，其对投资估算精度的要求为误差控制在±30%以内。

第二，预可行性研究阶段的投资估算。预可行性研究阶段的投资估算是指在掌握更详细、更深入的资料的条件下，估算建设项目所需投资额。此阶段的项目投资估算是初步明确项目方案，为项目进行技术经济论证提供依据，同时是判断是否进行详细可行性研究的依据，其对投资估算精度的要求为误差控制在±20%以内。

第三，可行性研究阶段的投资估算。可行性研究阶段的投资估算较为重要。它是对项目进行较详细的技术经济分析，决定项目是否可行，并比选出最佳投资方案的依据。此阶段的投资估算经审查批准后，即为工程设计任务书中规定的项目投资限额，对工程设计概算起控制作用，其对投资估算精度的要求为误差控制在±10%以内。

三、投资估算的内容

根据我国建设工程造价管理协会标准《建设项目投资估算编审规程》（CECA/GC1-2015）的规定，投资估算按照编制估算的工程对象划分为建设项目投资估算、单项工程投资估算、单位工程投资估算等。投资估算文件一般由封面、签署页、编制说明、投资估算分析、总投资估算表、单项工程估算表、主要技术经济指标等内容组成。

（一）投资估算编制说明

投资估算编制说明一般包括以下内容：①工程概况。②编制范围。说明建设项目总投资估算中所包括的和不包括的工程项目和费用；如有几个单位共同编制时，说明分工编制的情况。③编制方法。④编制依据。⑤主要技术经济指标。包括投资、用地和主要材料用量指标。当设计规模有远、近期不同的考虑时，或者土建与安装的规模不同时，应分别计算后再综合。⑥有关参数、率值的选定。如征地拆迁、供电供水、考察咨询等费用的费率标准选用情况。⑦特殊问题的说明（包括采用新技术、新材料、新设备、新工艺）；必须说明的价格的确定；进口材料、设备、技术费用的构成与技术参数；采用特殊结构的费用估算方法；安全、节能、环保、消防等专项投资占总投资的比重；建设项目总投资中未计算项目或费用的必要说明等。⑧采用限额设计的工程还应对投资限额和投资分解做进一步说明。⑨采用方案比选的工程还应对方案比选的估算和经济指标做进一步说明。⑩资金筹措方式。

（二）投资估算分析

投资估算分析应包括以下内容：①工程投资比例分析。一般民用项目要分析土建及装饰、给水排水、消防、采暖、通风空调、电气等主体工程和道路、广场、围墙、大门、室外管线、绿化等室外附属/总体工程占建设项目总投资的比例；一般工业项目要分析主要生产系统（须列出各生产装置）、辅助生产系统、公用工程（给水排水、供电和通信、供气、总图运输等）、服务性工程、生活福利设施、厂外工程等占建设项目总投资的比例。②各类费用构成占比分析。分析设备及工器具购置费、建筑工程费、安装工程费、工程建设其他费用、预备费占建设项目总投资的比例；分析引进设备费用占全部设备费用的比例等。③分析影响投资的主要因素。④与国内类似工程项目的比较，分析说明投资高低的原因。

（三）总投资估算

总投资估算包括汇总单项工程估算、工程建设其他费用、基本预备费、价差预备费、计算建设期利息等。

（四）单项工程投资估算

单项工程在投资估算中，应按建设项目划分的各个单项工程分别计算组成工程费用的建筑工程费、设备及工器具购置费和安装工程费。

（五）工程建设其他费用估算

工程建设其他费用估算应按预期将要发生的工程建设其他费用种类，逐项详细估算其费用金额。

（六）主要技术经济指标

工程造价人员应根据项目特点，计算并分析整个建设项目、各单项工程和主要单位工程的主要技术经济指标。

四、投资估算的编制

（一）建设工程投资估算的构成

投资估算的内容，从费用构成来讲应包括该项目从筹建、设计、施工直至竣工投产所需的全部费用，可分为建设投资和流动资金两个部分：①建设投资内容按照费用的性质分为建筑安装工程费用，设备及工、器具购置费用，工程建设其他费用，预备费用，建设期利息等。②流动资金是指生产经营性项目投产后，用于购买原材料、燃料、支付工资及其他经营费用等所需的周转资金。流动资金是伴随建设投资而发生的长期占用的流动资产投资，即财务中的营运资金。

（二）建设工程投资估算的编制依据

建设工程投资估算的编制依据是指在编制投资估算时所遵循的计量规则、市场价格、费用标准及工程计价有关参数、率值等基础资料。其主要有以下几个方面：①国家、行业和地方政府的有关法律、法规或规定；政府有关部门、金融机构等发布的价格指数、利率、汇率、税率等有关参数。②行业部门、项目所在地工程造价管理机构或行业协会等编制的投资估算指标、概算指标（定额）、工程建设其他费用定额（规定）、综合单价、价格指数、有关造价文件等。③类似工程的各种技术经济指标和参数。④工程所在地的同期的人工、材料、设备的市场价格，建筑、工艺及附属设备的市场价格和有关费用。⑤与建设项目有关的工程地质资料、设计文件、图纸或有关设计专业提供的主要工程量和主要设备清单等。⑥委托单位提供的其他技术经济资料。

（三）投资估算的编制步骤

①估算建筑工程费用；②估算设备、工器具购置费用以及须安装设备的安装工程费

用；③估算其他费用；④估算流动资金；⑤汇总出总投资。

根据投资估算的不同阶段，主要分为项目建议书阶段及可行性研究阶段的投资估算。其中，可行性研究阶段的投资估算编制一般包含静态投资部分、动态投资部分与流动资金估算三部分。其主要包括以下步骤：①分别估算各单项工程所需建筑工程费，设备及工器具购置费，安装工程费，在汇总各单项工程费用的基础上，估算工程建设其他费用和基本预备费，完成工程项目静态投资部分的估算。②在静态投资部分的基础上，估算价差预备费和建设期利息，完成工程项目动态投资部分的估算。③估算流动资金。④估算建设项目总投资。

五、投资估算的编制方法

建设项目投资估算要根据所处阶段对建设方案构思、策划和设计深度，结合各自行业的特点，所采用生产技术工艺的成熟性，以及所掌握的国家及地区、行业或部门相关投资估算基础资料和数据的合理、可靠、完整程度（包括造价咨询机构自身统计和积累的可靠的相关造价基础资料）等进行编制，需要根据所处阶段、方案深度、资料占有等情况的不同采用不同的编制方法。在投资机会研究和项目建议书阶段，投资估算的精度低，可采取简单的匡算法，如单位生产能力法、生产能力指数法、系数估算法、比例估算法、指标估算法等；在可行性研究阶段，投资估算精度要求要比前一阶段高些，须采用相对详细的估算方法，如指标估算法等。

（一）项目建议书阶段的投资估算方法

由于项目建议书阶段是初步决策的阶段，对项目还处在概念性的理解，因此，投资估算只能在总体框架内进行，投资估算对项目决策只是概念性的参考，投资估算只起指导性作用。该阶段的投资估算方法主要有以下几项：

1. 单位生产能力指数法

依据调查的统计资料，利用相近规模的单位生产能力投资乘以建设规模，即得拟建项目投资。其计算公式为：

$$C_2 = \frac{C_1}{Q_1} \times Q_2 \times f$$

式中：C_1——已建成类似建设项目的静态投资额；

C_2——拟建建设项目静态投资额；

Q_1——已建成类似建设项目的生产能力；

Q_2——拟建建设项目的生产能力；

f——不同时期、不同地点的定额、单价、费用变更等综合调整系数。

2. 生产能力指数法

生产能力指数法又称指数估算法，是根据已建成项目的类似项目生产能力和投资额来粗略估算同类但生产能力不同的拟建项目静态投资额的方法。其计算公式为：

$$C_2 = C_1 \times \left(\frac{Q_2}{Q_1}\right)^x \times F$$

式中：C_1——已建成类似建设项目的静态投资额；

C_2——拟建建设项目静态投资额；

Q_1——已建成类似建设项目的生产能力；

Q_2——拟建建设项目的生产能力；

x——生产能力指数；

F——不同时期、不同地点的定额、单价、费用和其他差异的综合调整系数。

上式表明，造价与规模（或容量）呈非线性关系，且单位造价随工程规模（或容量）的增大而减小。生产能力指数法的关键是生产能力指数的确定，一般要结合行业特点确定，并应有可靠的例证。在正常情况下，$0<x\leqslant1$。不同生产率水平的国家和不同性质的项目中，x 的取值是不相同的。若已建同类项目规模和拟建项目规模的比值为 0.5~2 时，则指数 x 的取值近似为 1；若已建同类项目规模和拟建项目规模的比值为 2~50，且拟建项目生产规模的扩大仅靠增大设备规模来达到时，则指数 x 的取值为 0.6~0.7；若是靠增加相同规格设备的数量达到时，指数 x 的取值为 0.8~0.9。

3. 系数估算法

系数估算法也称为因子估算法，是以拟建建设项目的主体工程费或主要设备购置费为基数，以其他辅助配套工程费与主体工程费或设备购置费的百分比为系数，依此估算拟建建设项目的静态投资的方法。本方法主要应用于设计深度不足，拟建建设项目与类似建设项目的主体工程费或主要设备购置费比重较大，行业内相关系数等基础资料完备的情况。在我国常用的方法有设备系数法和主体专业系数法。世界银行项目投资估算常用的方法是朗格系数法。

（1）设备系数法

设备系数法是指以拟建建设项目的设备费为基数，根据已建成的同类建设项目的建筑安装费和其他工程费等与设备价值的百分比，求出拟建建设项目建筑安装工程费和其他工程费，进而求出项目的静态投资。其计算公式为：

$$C = E(1 + f_1P_1 + f_2P_2 + f_3P_3 + \cdots) + I$$

式中：C——拟建建设项目的建设投资额；

E——拟建建设项目根据当时当地价格计算的设备购置费；

P_1，P_2，P_3——已建成类似建设项目中建筑安装工程费及其他工程费等与设备购置费的比例；

f_1，f_2，f_3——不同建设时间、地点而产生的定额、价格、费用标准等差异的调整系数；

I——拟建建设项目的其他费用。

（2）主体专业系数法

主体专业系数法是指以拟建建设项目中投资比重较大，并与生产能力直接相关的工艺设备投资为基数，根据已建同类建设项目的有关统计资料，计算出拟建建设项目各专业工程（总图、土建、采暖、给水排水、管道、电气、自控等）与工艺设备投资的百分比，据以求出拟建建设项目各专业投资，然后加总，即为拟建建设项目的静态投资。其计算公式为：

$$C = E(1 + f_1P'_1 + f_2P'_2 + f_3P'_3 + \cdots) + I$$

式中 E——与生产能力直接相关的工艺设备投资；

P'_1，P'_2，P'_3——已建成类似建设项目中各专业工程费用与工艺设备投资的比重。

式中其他符号意义同前。

（3）朗格系数法

朗格系数法是以设备费为基数，乘以适当系数来推算项目的静态投资额。这种方法在我国内部常见，该方法的基本原理是将项目建设中的总成本费用中的直接成本和间接成本分别计算，再合为项目的静态投资。其计算公式为：

$$C = E \cdot \left(1 + \sum K_i\right) \cdot K_c$$

$$K_L = \left(1 + \sum K_i\right) \cdot K_c$$

式中：C——总建设费用；

E——主要设备费；

K_i——管线、仪表、建筑物等项费用的估算系数；

K_c——管理费、合同费、应急费等项费用的估算系数；

K_L——朗格系数。

此法估算的步骤如下：

第一步：计算设备到达现场的费用，包括设备出厂价、陆路运费、海上运输费、装卸费、关税、保险和采购等。

第二步：计算出的设备费用乘以 1.43. 即得到包括设备基础、绝热工程、油漆工程和设备安装工程的总费用。

第三步：以上述计算的结果再分别乘以 1. 1、1. 25. 1. 6（视不同流程），即得到包括配管工程在内的费用。

第四步：以上述计算的结果再乘以 1. 5，即得到此装置的直接费用，此时，装置的建筑工程、电气及仪表工程等费用均含在直接费用中。

第五步：最后，以上述计算的结果再分别乘以 1. 31、1. 35、1. 38（视不同流程），即得到项目的总费用。

朗格系数法是国际上估算一个工程项目或一套装置的费用时，采用较为广泛的方法。但是应用朗格系数法进行工程项目或装置估价的精度仍不是很高，主要原因是：装置规模大小发生变化；不同地区自然地理条件的差异；不同地区经济地理条件的差异；不同地区气候条件的差异；主要设备材质发生变化时，设备费用变化较大而安装费变化不大。

由于朗格系数法是以设备购置费为计算基础，而设备费用在一项工程中所占的比重较大，对于石油、石化、化工工程占45%~55%；同时，一项工程中每台设备所含有的管道、电气、自控仪表、绝热、油漆、建筑等，都有一定的规律。所以，只要对各种不同类型工程的朗格系数掌握准确，估算精度仍可较高。朗格系数法估算误差在 10%~15%。

4. 比例估算法

比例估算法是根据已知的同类建设项目主要设备购置费占整个建设项目的投资比例，先逐项估算出拟建建设项目主要设备购置费，再按比例估算拟建建设项目和相关投资额的方法。本办法主要应用于设计深度不足，拟建建设项目与类似建设项目的主要设备购置费比重较大，行业内相关系数等基础资料完备的情况。其计算公式为

$$C = \frac{1}{K}\sum_{i=1}^{n} Q_i P_i$$

式中：C——拟建建设项目的投资额；

K——主要设备购置费占拟建建设项目投资的比例；

n——主要设备的种类数；

Q_i——第 i 种主要设备的数量；

P_i——第 i 种主要设备的购置单价（到厂价格）。

5. 指标估算法

指标估算法是依据投资估算指标，对各单位工程或单项工程费用进行估算，进而估算建设项目总投资，再按相关规定估算工程建设其他费用、基本预备费、建设期利息等，形成拟建项目静态投资。

（二）可行性研究阶段的投资估算方法

为了保证编制精度，可行性研究阶段建设项目投资估算原则上应采用指标估算法。指标估算法是投资估算的主要方法。指标估算法是指依据投资估算指标，对各单位工程或单项工程费用进行估算，进而估算建设项目总投资的方法。首先，把拟建建设项目以单项工程或单位工程，按建设内容纵向划分为各个主要生产设施、辅助生产系统、公用工程、服务性工程、生活福利设施，以及各项其他工程费用；其次，按费用性质横向划分为建筑工程、设备购置、安装工程等；再次，根据各种具体的投资估算指标，进行各单位工程或单项工程投资的估算，在此基础上，汇集编制成拟建建设项目的各个单项工程费用和拟建建设项目的工程费用投资估算；最后，再按相关规定估算工程建设其他费、基本预备费等，形成拟建建设项目静态投资。

在条件具备时，对投资有重大影响的主体工程应估算出分部分项工程量，套用相关综合定额（概算指标）或概算定额进行编制。对于子项单一的大型民用公共建筑，主要单项工程估算应细化到单位工程估算书。无论如何，可行性研究阶段的投资估算应满足项目的可行性研究与评估，并最终满足国家和地方相关部门批复或备案的要求。预可行性研究阶段、方案设计阶段项目建设投资估算视设计深度，宜参照可行性研究阶段的编制办法进行。

1. 建筑工程费用估算

建筑工程费用是指为建造永久性建筑物和构筑物所需要的费用。其主要采用单位实物工程量投资估算法，即以单位实物工程量的建筑工程费乘以实物工程总量来估算建筑工程费的方法。当无适当估算指标或类似工程造价资料时，可采用计算主体实物工程量套用相关综合定额或概算定额进行估算，但通常需要较为详细的工程资料，工作量较大。实际工作中可根据具体条件和要求选用。建筑工程费估算通常应根据不同的专业工程选择不同的实物工程量计算方法。

工业与民用建筑物以“m^2”或“m^3”为单位，套用规模相当、结构形式和建筑标准相适应的投资估算指标或类似工程造价资料进行估算；构筑物以“延长米”“m^2”或“座”为单位，套用技术标准、结构形式相适应的投资估算指标或类似工程造价资料进行估算。

大型土方、总平面竖向布置、道路及场地铺砌、室外综合管网和线路、围墙大门等，分别以“延长米”或“座”为单位，套用技术标准、结构形式相适应的投资估算指标或类似工程造价资料进行建筑工程费估算。

矿山井巷开拓、露天剥离工程、坝体堆砌等，分别以“m^3”“延长米”为单位，套用技术标准、结构形式、施工方法相适应的投资估算指标或类似工程造价资料进行建筑工程费估算。

公路、铁路、桥梁、隧道、涵洞设施等，分别以“公里”（铁路、公路）、100 m^2桥面（桥梁）“100 m^2断面（隧道）”“道（涵洞）”为单位，套用技术标准、结构形式、施工方法相适应的投资估算指标或类似工程造价资料进行估算。

2. 设备及工器具购置费估算

设备购置费根据项目主要设备表及价格、费用资料进行编制，工器具购置费按设备费的一定比例计取。对于价值高的设备应按单台（套）估算购置费，价值较小的设备可按类估算，国内设备和进口设备应分别估算。

3. 安装工程费估算

安装工程费包括安装主材费和安装费。其中，安装主材费可以根据行业和地方相关部门定期发布的价格信息或市场询价进行估算；安装费根据设备专业属性，可按以下方法估算：

（1）工艺设备安装费估算

以单项工程为单元，根据单项工程的专业特点和各种具体的投资估算指标，采用按设备费百分比估算指标进行估算；或根据单项工程设备总重，采用以“t”为取位的综合单价指标进行估算。即：

安装工程费=设备原价×设备安装费费率

安装工程费=设备吨重×单位重量（t）安装费指标

（2）工艺非标准件、金属结构和管道安装费估算

以单项工程为单元，根据设计选用的材质、规格，以“t”为单位，套用技术标准、材质和规格、施工方法相适应的投资估算指标或类似工程造价资料进行估算。即：

安装工程费=重量总量×单位重量安装费指标

（3）工业炉窑砌筑和保温工程安装费估算

以单项工程为单元，以“t”“m^3”“m^2”为单位，套用技术标准、材质和规格、施工方法相适应的投资估算指标或类似工程造价资料进行估算。即：

安装工程费=重量（体积、面积）总量×单位重量（“m^2”“m^3”）安装费指标

（4）电气设备及自控仪表安装费估算

以单项工程为单元，根据该专业设计的具体内容，采用相适应的投资估算指标或类似工程造价资料进行估算，或根据设备台（套）数、变配电容量、装机容量、桥架重量、电缆长度等工程量，采用相应综合单价指标进行估算。即：

安装工程费=设备工程量×单位工程量安装费指标

4. 工程建设其他费用估算

工程建设其他费用的计算应结合拟建建设项目的具体情况，有合同或协议明确的费用按合同或协议列入；无合同或协议明确的费用，根据国家和各行业部门、工程所在地地方政府的有关工程建设其他费用定额（规定）和计算办法估算。

5. 基本预备费估算

基本预备费的估算一般是以建设项目的工程费用和工程建设其他费用之和为基础，乘以基本预备费费率进行计算。基本预备费费率的大小，应根据建设项目的设计阶段和具体的设计深度，以及在估算中所采用的各项估算指标与设计内容的贴近度、项目所属行业主管部门的具体规定确定。

基本预备费=（工程费用+工程建设其他费用）×基本预备费费率

6. 指标估算法

使用指标估算法时，应注意以下事项：①影响投资估算精度的因素主要包括价格变化、现场施工条件、项目特征的变化等，因而，在应用指标估算法时，应根据不同地区，建设年代、条件等进行调整。因为地区、年代不同，人工、材料与设备的价格均有差异，调整方法可以以人工、主要材料消耗量或“工程量”为计算依据，也可以按不同的工程项目的“万元工料消耗定额”确定不同的系数。在有关部门颁布定额或人工、材料价差系数（物价指数）时，可以据以调整。②使用指标估算法进行投资估算绝不能生搬硬套，必须对工艺流程、定额、价格及费用标准进行分析，经过实事求是的调整与换算后，才能提高其精确度。

（三）动态投资部分的估算方法

动态投资部分包括价差预备费和建设期利息两个部分。动态投资部分的估算应以基准年静态投资的资金使用计划为基础计算，而不是以编制年的静态投资为基础计算。

1. 价差预备费

价差预备费的计算可详见前面内容。除此之外，如果是涉外项目，还应该计算汇率的影响。汇率是两种不同货币之间的兑换比率，汇率的变化意味着一种货币相对于另一种货币的升值或贬值。在我国，人民币与外币之间的汇率采取以人民币表示外币价格的形式给出。由于涉外项目的投资中包含人民币以外的币种，需要按照相应的汇率把外币投资额换算为人民币投资额，所以，汇率变化会对涉外项目的投资额产生影响。

外币对人民币升值。从国外市场购买设备材料所支付的外币金额不变，但换算成人民币的金额增加；从国外借款，本息所支付的外币金额不变，但换算成人民币的金额增加。

外币对人民币贬值。从国外市场购买设备材料所支付的外币金额不变，但换算成人民币的金额减少；从国外借款，本息所支付的外币金额不变，但换算成人民币的金额减少。

估计汇率变化对建设项目投资的影响，是通过预测汇率在项目建设期内的变动程度以估算年份的投资额为基数，相乘计算求得。

2. 建设期利息

建设期利息包括银行借款和其他债务资金的利息，以及其他融资费用。其他融资费用是指某些债务融资中发生的手续费、承诺费、管理费、信贷保险费等融资费用。在一般情况下应将其单独计算并计入建设期利息；在项目前期研究的初期阶段，也可做粗略估算并计入建设投资；对于不涉及国外贷款的项目，在可行性研究阶段，也可做粗略估算并计入建设投资。建设期利息的计算可详见前面内容。

（四）流动资金的估算

流动资金是指项目运营需要的流动资产投资，是生产经营性项目投产后，为进行正常生产运营，用于购买原材料、燃料，支付工资及其他经营费用等所需的周转资金。流动资金估算一般采用分项详细估算法，个别情况或者小型项目可采用扩大指标估算法。

1. 分项详细估算法

流动资金的显著特点是在生产过程中不断周转，其周转额的大小与生产规模及周转速度直接相关。分项详细估算法是根据项目的流动资产和流动负债估算项目所占用流动资金的方法。其中，流动资产的构成要素一般包括存货、库存现金、应收账款和预付账款；流动负债的构成要素一般包括应付账款和预收账款。流动资金等于流动资产和流动负债的差额，则：

流动资金=流动资产-流动负债

流动资产=应收账款+预付账款+存货+库存现金

流动负债=应付账款+预收账款

流动资金本年增加额=本年流动资金-上年流动资金

进行流动资金估算时，首先计算各类流动资产和流动负债的年周转次数，然后再分项估算占用资金额。

2. 扩大指标估算法

扩大指标估算法是根据现有同类企业的实际资料，求得各种流动资金率指标，也可依据行业或部门给定的参考值或经验确定比率，将各类流动资金率乘以相对应的费用基数来估算流动资金。一般常用的基数有营业收入、经营成本、总成本费用和建设投资等，究竟采用何种基数依行业习惯而定，其计算公式为：

$$年流动资金额=年费用基数\times各类流动资金率$$

扩大指标估算法简便易行，但准确度不高，适用于项目建议书阶段的估算。

估算流动资金应注意以下几项：①在采用分项详细估算法时，应根据项目实际情况分别确定现金、应收账款、预付账款、存货、应付账款和预收账款的最低周转天数，并考虑一定的保险系数。因为最低周转天数减少，将增加周转次数，从而减少流动资金需用量，因此，必须切合实际地选用最低周转天数。对于存货中的外购原材料和燃料，要分品种和来源，考虑运输方式和运输距离，以及占用流动资金的比重大小等因素确定。②流动资金属于长期性（永久性）流动资产，流动资金的筹措可通过长期负债和资本金（一般要求占 30%）的方式解决。流动资金一般要求在投产前一年开始筹措，为简化计算，可规定在投产的第一年开始按生产负荷安排流动资金需用量。其借款部分按全年计算利息，流动资金利息应计入生产期间财务费用，项目计算期末收回全部流动资金（不含利息）。③用扩大指标估算法计算流动资金，须以经营成本及其中的某些科目为基数，因此实际上流动资金估算应能够在经营成本估算之后进行。④在不同生产负荷下的流动资金，应按不同生产负荷所需的各项费用金额，根据上述公式分别估算，而不能直接按照 100%生产负荷下的流动资金乘以生产负荷百分比求得。

六、投资估算文件的编制

根据中国建设工程造价管理协会标准《建设项目投资估算编审规程》（CFCA/GC1-2015）的规定，单独成册的投资估算文件应包括封面、签署页、目录、编制说明、有关附表等，与可行性研究报告（或项目建议书）统一装订的应包括签署页、编制说明、有关附表等。在编制投资估算文件的过程中，一般需要编制建设投资估算表、建设期利息估算表、流动资金估算表、单项工程投资估算汇总表、总投资估算汇总表、分年度总投资估算表等。对投资有重大影响的单位工程或分部分项工程的投资估算应另附主要单位工程或分部分项工程投资估算表，列出主要分部分项工程量和综合单价进行详细估算。

（一）建设投资估算表的编制

建设投资是项目投资的重要组成部分，也是项目财务分析的基础数据。当估算出建设投资后须编制建设投资估算表，按照费用归集形式，建设投资可按概算法或形成资产法分类。

1. 概算法

按照概算法分类，建设投资由工程费用、工程建设其他费用和预备费三个部分构成。

其中，工程费用又由建筑工程费，设备及工、器具购置费（含工、器具及生产家具购置费）和安装工程费构成；工程建设其他费用内容较多，随行业和项目的不同而有所区别；预备费包括基本预备费和价差预备费。

2. 形成资产法

按照形成资产法分类，建设投资由形成固定资产的费用、形成无形资产的费用、形成其他资产的费用和预备费四个部分组成。固定资产费用是指项目投产时将直接形成固定资产的建设投资，包括工程费用和工程建设其他费用中按规定将形成固定资产的费用，后者被称为固定资产其他费用，主要包括建设管理费、可行性研究费、研究试验费、勘察设计费、专项评价及验收费、场地准备及临时设施费、引进技术和引进设备其他费、工程保险费、联合试运转费、特殊设备安全监督检验费和市政公用设施建设及绿化费等；无形资产费用是指将直接形成无形资产的建设投资，主要是专利权、非专利技术、商标权、土地使用权和商誉等；其他资产费用是指建设投资中除形成固定资产和无形资产以外的部分，如生产准备及开办费等。

对于土地使用权的特殊处理：按照有关规定，在尚未开发或建造自用项目前，土地使用权作为无形资产核算，房地产开发企业开发商品房时，将其账面价值转入开发成本；企业建造自用项目时将其账面价值转入在建工程成本。因此，为了与以后的折旧和摊销计算相协调，在建设投资估算表中通常可将土地使用权直接列入固定资产其他费用中。

（二）建设期利息估算表的编制

在估算建设期利息时，需要编制建设期利息估算表。建设期利息估算表主要包括建设期发生的各项借款及其债券等项目，期初借款余额等于上年借款本金和应计利息之和，即上年期末借款余额；其他融资费用主要是指融资中发生的手续费、承诺费、管理费、信贷保险费等融资费用。

（三）流动资金估算表的编制

可行性研究阶段，根据详细估算法估算的各项流动资金估算结果，编制流动资金估算表。

（四）单项工程投资估算汇总表的编制

按照指标估算法，可行性研究阶段根据各种投资估算指标，进行各单位工程或单项工程投资的估算。单项工程投资估算应按建设项目划分的各个单项工程分别计算组成工程费用的建筑工程费，设备及工、器具购置费和安装工程费，形成单项工程投资估算汇总表。

（五）项目总投资估算汇总表的编制

将上述投资估算内容和估算方法所估算的各类投资进行汇总，编制项目总投资估算汇总表。项目建议书阶段的投资估算一般只要求编制总投资估算表。总投资估算表中工程费用的内容应分解到主要单项工程中；工程建设其他费用可在总投资估算表中分项计算。

（六）项目分年投资计划表的编制

估算出项目总投资后，应根据项目计划进度的安排，编制分年投资计划表。其中的分年建设投资可以作为安排融资计划，估算建设期利息的基础。

七、投资估算的审核

投资估算作为建设项目投资的最高限额，对工程造价的合理确定和有效控制起着十分重要的作用，为保证投资估算的完整性和准确性，必须加强对投资估算的审核工作。有关文件规定，对建设项目进行评估时应进行投资估算的审核，政府投资项目的投资估算审核除依据设计文件外，还应依据政府有关部门发布的有关规定、建设项目投资估算指标和工程造价信息等计价依据。

投资估算的审核主要从以下几方面进行：

（一）审核和分析投资估算编制依据的时效性、准确性和实用性

估算项目投资所需的数据资料很多，如已建同类型项目的投资、设备和材料价格、运杂费率、有关的指标、标准以及各种规定等。这些资料可能随时间、地区、价格及定额水平的差异，使投资估算有较大的出入。因此，要注意投资估算编制依据的时效性、准确性和实用性。针对这些差异，必须做好定额指标水平、价差的调整系数及费用项目的调查。同时，对工艺水平、规模大小、自然条件、环境因素等对已建建设项目与拟建建设项目在投资方面形成的差异进行调整，使投资估算的价格和费用水平符合项目建设所在地估算投资年度的实际。针对调整的过程及结果，要进行深入、细致的分析和审查。

（二）审核选用的投资估算方法的科学性与适用性

投资估算的方法有许多种，每种估算方法都有各自的适用条件和范围，并具有不同的

准确度。如果使用的投资估算方法与项目的客观条件和情况不相适应，或者超出了该方法的适用范围，那就不能保证投资估算的质量。而且还要结合设计的阶段或深度等条件，采用适用、合理的估算办法进行估算。

如采用“单位工程指标”估算法时，应该审核套用的指标与拟建工程的标准和条件是否存在差异，及其对计算结果影响的程度，是否已采用局部换算或调整等方法对结果进行修正，修正系数的确定和采用是否具有一定的科学依据。处理方法不同，技术标准不同，则费用相差可能达10倍甚至数百倍。当工程量较大时，对估算总价影响甚大，如果在估算中不按科学进行调整，将会因估算准确程度差而造成工程造价失控。

（三）审核投资估算的编制内容与拟建建设项目规划要求的一致性

审核投资估算的工程内容，包括工程规模、自然条件、技术标准、环境要求，与规定要求是否一致，是否在估算时已进行了必要的修正和反映，是否对工程内容尽可能地量化和质化，有没有出现内容方面的重复或漏项和费用方面的高估或低算。

如建设项目的主体工程与附加工程或辅助工程、公用工程、生产与生活服务设施、交通工程等是否与规定的一致，是否漏掉了某些辅助工程、室外工程等建设费用。

（四）审核投资估算的费用项目、费用数额的真实性

①审核各个费用项目与规定要求、实际情况是否相符，有否漏项或多项，估算的费用项目是否符合项目的具体情况、国家规定及建设地区的实际要求，是否针对具体情况做了适当的增减。②审核项目所在地区的交通、地方材料供应、国内外设备的订货与大型设备的运输等方面，是否针对实际情况考虑了材料价格的差异问题；对偏僻地区或有大型设备时是否已考虑了增加设备的运杂费。③审核是否考虑了物价上涨和对于引进国外设备或技术项目是否考虑了每年的通货膨胀率对投资额的影响，考虑的波动变化幅度是否合适。④审核对于“三废”处理所需相应的投资是否进行了估算，其估算数额是否符合实际。⑤审核项目投资主体自有的稀缺资源是否考虑了机会成本，沉没成本是否剔除。⑥审核是否考虑了采用新技术、新材料以及现行标准和规范比已建项目的要求提高所需增加的投资额，考虑的额度是否合适。

值得注意的是，投资估算要留有余地，既要防止漏项少算，又要防止高估冒算。要在优化和可行的建设方案的基础上，根据有关规定认真、准确、合理地确定经济指标，以保证投资估算的质量，使其真正地起到决策和控制的作用。

第三节　资金时间价值

一、现金流量与资金时间价值

（一）现金流量

1. 现金流量的含义

在工程经济分析中，通常将所考虑的对象视为一个独立的经济系统。在某一时点 t 流入系统的资金称为现金流入，即为 CI_t；流出系统的资金称为现金流出，即为 CO_t；同一时点上的现金流入与现金流出的代数和称为净现金流量，即为 NCF；现金流入量、现金流出量、净现金流量，统称为现金流量。

2. 现金流量图

现金流量图是一种反映经济系统资金运动状态的图式，运用现金流量图可以全面、形象、直观地表示现金流量的三要素，即大小（资金数额）、方向（资金流入或流出）和作用点（资金的发生时间点）。

现金流量图绘制规则如下：①横轴为时间轴，表示一个从 0 开始到 n 的时间序列，每一间隔代表一个时间单位（一个计息期）。时间单位可以取年、半年、季度和月。0 表示时间序列的起点，同时，也是第一个计息期的起始点。$1\sim n$ 分别代表各计息期的终点，第一个计息期的终点也就是第二个计息期的起点，n 表示时间序列的终点。横轴反映的是所考察的经济系统的寿命周期。②相对于时间坐标的垂直箭线代表不同时点的现金流量。现金流量图中垂直箭线的箭头表示现金流动的方向，箭头向上表示现金流入，即现金流量为正；箭头向下，表示现金流出，即现金流量为负。并在各垂直箭线旁注明现金流量的大小。③现金流量的方向，即现金的流入与流出是相对特定的经济系统而言的。贷款方的现金流入就是借款方的现金流出，贷款方的还本付息就是借款方的现金流入。通常，工程项目现金流量的方向是针对资金使用者的系统而言的。④在现金流量图中，垂直线的长度与现金流量的金额成正比，金额越大，相应垂直线的长度越长。一般来说，现金流量图上要注明每一笔现金流量的金额。

（二）资金时间价值

资金时间价值是指资金随着时间推移所具有的增值能力，或者是同一笔资金在不同的时间点上所具有的数量差额。

资金时间价值是如何产生的呢？从社会再生产角度来看，投资者利用资金是为了获取投资回报，也就是想让自己的资金发生增值，得到投资报偿，从而产生了“利润”；从流通领域来看，消费者如果推迟消费，也就是暂时不消费自己的资金，而把资金的使用权暂时让渡出来，应该得到“利息”作为补偿。

利润或利息就成了资金时间价值的绝对表现形式。换句话说，资金时间价值的相对表现形式就成了“利润率”或“利息率”，即在一定时期内所付利润或利息额与资金之比，简称为“利率”。

1. 利息的计算方法

单利计息法是每期的利息均按照原始本金计算的计息方式，即无论计息期数为多少，只有本金计息，不再计利息。其计算公式为：

$$I = P \times n \times i$$

式中：I——利息总额；

i——利率；

P——现值（初始资金总额）；

n——计息期数。

当 n 个计息期结束后的本利和为

$$F = P + I = P \times (1 + i \times n)$$

式中：F——终值（本利和）。

2. 实际利率和名义利率

在复利计息方法中，一般采用年利率。当计息周期以年为单位，则将这种年利率称为实际利率；当实际计息周期小于一年，如每月、每季、每半年计息一次，这种年利率就称为名义利率。设名义利率为 r ，一年内计息次数为 m ，则名义利率与实际利率的换算公式为：

$$i = \left(1 + \frac{r}{m}\right)^{m} - 1$$

二、等值计算

（一）影响资金等值计算的因素

由于资金的时间价值，使得金额相同的资金发生在不同时间，会产生不同的价值；反之，不同时点金额不等的资金在时间价值的作用下，却可能具有相等的价值。这些不同时期、不同金额但其“价值等效”的资金称为等值，也称为等效值。

影响资金等值的因素有资金的多少、资金发生的时间及利率的大小。其中，利率是一个关键因素，在等值计算中，一般是以同一利率为依据的。

（二）等值计算方法

资金时间价值换算的核心是复利计算问题，可分为三种情况：一是将一笔总的金额换算成一笔总的现在值或将来值；二是将一系列金额换算成一笔总的现在值或将来值；三是将一笔总的金额的现在值或将来值换算成一系列金额。

1. 一次支付终值公式

投资者期初一次性投入资金 P，按给定的投资报酬率 i，期末一次性回收资金 F，如果计息时限为 n，复利计息，终值 F 为多少？即已知 P、n、i，求 F。

其计算公式为：

$$F = P \times (1 + i)^{n}$$

式中：F——终值，是指资金发生在某一特定序列终点时的价值；

P——现值，是指资金发生在某一特定序列起点时的价值；

i——利率；

n——计息期数。

2. 一次支付现值公式

在将来某一时点 n 需要一笔资金 F，按给定的利率，复利计息，折算至期初，则需要一次性存款或支付数额 P 为多少？即已知 F、i、n 求 P。复利现值公式为：

$$P = F \times (1 + i)^{-n}$$

式中，$(1 + i)^{-n}$ 为一次支付现值系数，也可称为折现系数，记为 $(P/F, i, n)$ 。

将未来时刻资金的时间价值换算为现在时刻的价值，称为折现或贴现。

3. 等额支付系列终值公式

在经济评价中，连续在若干期每期等额支付的资金被称为年金。年金复利终值公式是研究在 n 个计息期内，每期期末等额投入资金 A，以年利率 i 复利计息，最后期末累计起来的资金 F 是多少？也就是已知 A、i、n，求 F。

4. 偿债基金公式

为了在 n 年年末能筹集一笔资金来偿还借款 F，按照年利率 i 复利计算，从现在起至 n 年每年年末等额存储一笔资金 A 为多少？即已知 F、i、n，求由等额支付系列终值公式推导得出其计算公式为：

$$A = F \times \frac{i}{(1+i)^n - 1}$$

式中：$i/[(1+i)^n - 1]$ ——偿债基金系数，记为 $(A/F, i, n)$。

第四节 项目财务评价

一、财务评价的概念、基本内容及程序

（一）财务评价的概念及基本内容

财务评价又称财务分析，是根据国家现行财税制度和价格体系，分析和计算项目直接发生的财务效益和费用，编制财务报表，计算评价指标，考察项目盈利能力、清偿能力以及外汇平衡等财务状况，据以判别项目的财务可行性。

对于经营性项目，财务分析是从建设项目的角度出发，根据国家现行财政、税收和现行市场价格，计算项目的投资费用、产品成本与产品销售收入、税金等财务数据，通过编制财务分析报表，计算财务指标，分析项目的盈利能力、偿债能力和财务生存能力，据此考察建设项目的财务可行性和财务可接受性，明确项目对财务主体及投资者的价值贡献，并得出财务评价的结论。投资者可根据项目财务评价结论、项目投资的财务状况和投资者所承担的风险程度，决定是否应该投资建设。

对于非经营性项目，财务分析应主要分析项目的财务生存能力。

1. 财务盈利能力分析

项目的盈利能力是指分析和测算建设项目计算期的盈利能力和盈利水平。其主要分析指标包括项目投资财务内部收益率和财务净现值、项目资本金财务内部收益率、投资回收期、总投资收益率和项目资本金净利润率等，可根据项目的特点及财务分析的目的和要求选用。

2. 偿债能力分析

投资项目的资金构成一般可分为借入资金和自有资金。自有资金可长期使用，而借入资金必须按期偿还。项目的投资者自然要关心项目偿债能力；借入资金的所有者——债权人也非常关心贷出资金能否按期收回本息。项目偿债能力分析可在编制项目借款还本付息计算表的基础上进行。在计算中，通常采用“有钱就还”的方式，贷款利息一般做如下假

设：长期借款，当年贷款按半年计息，当年还款按全年计息。

3. 财务生存能力分析

财务生存能力分析是根据项目财务计划现金流量表，通过考察项目计算期内的投资、融资和经营活动所产生的各项现金流入和流出，计算净现金流量和累计盈余资金，分析项目是否有足够的净现金流量维持正常运营，以实现财务可持续性。

4. 不确定性分析

不确定性分析是指在信息不足，无法用概率描述因素变动规律的情况下，估计可变因素变动对项目可行性的影响程度及项目承受风险能力的一种分析方法。不确定性分析包括盈亏平衡分析、敏感性分析和概率分析。

（二）财务评价的程序

①熟悉建设项目的基本情况。②收集、整理和计算有关技术经济基础数据资料与参数。③编制基本财务报表。财务评价所需财务报表包括各类现金流量表（包括项目投资现金流量表、项目资本金现金流量表、投资各方现金流量表、财务计划现金流量表）、利润与利润分配表、资产负债表等。④计算与分析财务效益指标。财务效益指标包括反映项目盈利能力和项目偿债能力的指标。⑤提出财务评价结论。将计算出的有关指标值与国家有关基准值进行比对，或与经验标准、历史标准、目标标准等加以比较，从财务的角度提出项目是否可行的结论。⑥进行不确定性分析。不确定性分析包括盈亏平衡分析、敏感性分析和概率分析三种方法，主要分析项目适应市场变化能力和抗风险能力。

二、基本财务报表的编制

（一）资产负债表

资产负债表是指综合反映项目计算期各年年末资产、负债和所有者权益的增减变化及对应关系的一种报表，通过计算资产负债率、流动比率、速动比率等指标，用于分析项目的偿债能力。

（二）利润与利润分配表

利润与利润分配表反映项目计算期内各年的利润总额、所得税及净利润的分配情况，用以计算投资利润率、投资利税率、资本金利润率等指标的一种报表。

（三）现金流量表

1. 项目投资现金流量表

项目投资现金流量表用于计算项目投资内部收益率及净现值等财务分析指标。其中，调整所得税为以息税前利润为基数计算的所得税，区别于利润与利润分配表、项目资本金现金流量表和财务计划现金流量表中的所得税。

2. 项目资本金现金流量表

项目资本金现金流量表是指以投资者的出资额作为计算基础，从项目资本金的投资者角度出发，把借款本金偿还和利息支付作为现金流出，用以计算项目资本金的财务内部收益率、财务净现值等技术经济指标的一种现金流量表。项目资本金包括用于建设投资、建设期利息和流动资金的资金。

3. 投资各方现金流量表

投资各方现金流量表反映项目投资各方现金流入流出情况，用于计算投资各方内部收益率。实分利润是指投资者由项目获取的利润；资产处置收益分配是指对有明确合资期限或合营期限的项目，在期满时对资产余值按股比或约定比例的分配；租赁费收入是指出资方将自己的资产租赁给项目使用所获得的收入。

4. 财务计划现金流量表

财务计划现金流量表反映项目计算期各年的投资、融资及经营活动的现金流入和流出，用于计算累积盈余资金，分析项目的财务生存能力。

三、财务评价的指标体系与评价方法

（一）财务评价的指标体系

财务评价的指标体系是最终反映项目财务可行性的数据体系。由于投资项目投资目标的多样性，因此财务评价的指标体系也不是唯一的，根据不同的评价深度和可获得资料的多少，以及项目本身所处条件的不同，可选用不同的指标，这些指标可以从不同层次、不同侧面来反映项目的经济效果。

①根据是否考虑资金时间价值、进行贴现运算，可以分为静态评价指标和动态评价指标两类。前者不考虑资金时间价值、不进行贴现运算；后者则考虑资金时间价值、进行贴现运算。②按指标的经济性质，可以分为时间性指标、价值性指标、比率性指标。③按照

指标所反映的评价内容，可以分为盈利能力分析指标和偿债能力分析指标。

（二）反映项目盈利能力的指标与评价方法

1. 静态评价指标的计算与分析

（1）总投资收益率

总投资收益率是指项目达到设计生产能力后的一个正常生产年份的年息税前利润与项目总投资的比率。对生产期内各年的利润总额较大的项目，应计算运营期年平均息税前利润与项目总投资的比率。其计算公式为：

$$总投资收益率=\frac{正常年份年息税前利润或运营期内年平均税息前利润}{项目总投资}\times 100\%$$

式中，资本金是指项目的全部注册资本金。计算出的资本金净利润率要与行业的平均资本金净利润率或投资者的目标资本金净利润率进行比较，若前者大于或等于后者，则认为项目是可以考虑的。

（2）项目资本金净利润率

项目资本金净利润率是指项目达到设计生产能力后的一个正常生产年份的年净利润或项目运营期内的年平均净利润与资本金的比率。其计算公式为：

$$资本金净利润率=\frac{正常年份的年净利润或运营期内年平均净利润}{资本金}\times 100\%$$

上述两个指标的优点是，指标的经济意义明确、直观，计算简便，在一定程度上反映了投资效果的优劣，可适用于各种投资规模；缺点是，没有考虑时间因素，主观随意性太强，也就是说正常年份的选择比较困难，确定常有不确定性和人为因素。

（3）静态投资回收期

静态投资回收期是指在不考虑资金时间价值因素条件下，用生产经营期回收投资的资金来源来抵偿全部初始投资所需要的时间，即用项目净现金流量抵偿全部初始投资所需的全部时间，一般用年来表示，其符号为在计算全部投资回收期时，假定全部资金都为自有资金，而且投资回收期一般从建设期开始算起，也可以从投产期开始算起，使用这个指标时一定要注明起算时间。其计算公式为：

$$投资回收期（P_t）=累计净现金流量开始出现正值的年份-1+\frac{上年累积净现金流量的绝对值}{当年净现金流量}$$

计算出的投资回收期要与行业规定的标准投资回收期或行业平均投资回收期进行比较，如果小于或等于标准投资回收期或行业平均投资回收期，则认为项目是可以考虑接受的。

2. 动态评价指标的计算与分析

（1）财务净现值（*FNPV*）

财务净现值是指在项目计算期内，按照行业的基准收益率或设定的折现率计算的各年净现金流量现值的代数和，简称净现值，记作 *FNPV*。其表达式为：

$$FNPV=\sum_{t=i}^{n}(CI-CO)_t(1+i_e)^{-t}$$

式中：*CI*——现金流入量；

CO——现金流出量；

$(CI-CO)_t$——第 t 年的净现金流量；

n——计算期；

i_e——基准收益率或设定的折现率；

$(1+i_e)^{-1}$——第 t 年的折现系数。

财务净现值的计算结果可能有三种情况，即 $FNPV>0$、$FNPV<0$ 或 $FNPV=0$。

当 $FNPV>0$ 时，说明项目净效益大于用基准收益率计算的平均收益额，从财务角度考虑，项目是可以被接受的。

当 $FNPV=0$ 时，说明拟建建设项目的净效益正好等于用基准收益率计算的平均收益额，这时判断项目是否可行，要分析所选用的折现率。在财务评价中，若选用的折现率大于银行长期贷款利率，项目是可以被接受的；若选用的折现率等于或小于银行长期贷款利率，一般可判断项目不可行。

当 $FNPV<0$ 时，说明拟建建设项目的净效益小于用基准收益率计算的平均收益额，一般认为项目不可行。

财务净现值指标考虑了资金的时间价值，并全面考虑了项目整个计算期内的经济状况；经济意义明确直观，能够直接以金额表示项目的盈利水平；判断直观。但不足之处是，必须首先确定一个符合经济现实的基准收益率，而基准收益率的确定往往是比较困难的。

基准收益率也称基准折现率，是企业或行业投资者以动态的观点所确定的、可接受的投资方案最低标准的收益水平。其在本质上体现了投资决策者对项目资金时间价值的判断和对项目风险程度的估计，是投资资金应当获得的最低盈利利率水平。

财务基准收益率的测定需要遵循以下规定：①在政府投资项目以及按政府要求进行财务评价的建设项目中采用的行业财务基准收益率，应根据政府的政策导向进行确定；②在企业投资等其他各类建设项目的财务评价中参考选用的行业财务基准收益率，应在分析一定时期内国家和行业发展战略、发展规划、产业政策、资源供给、市场需求、资金时间价值、项目目标等情况的基础上，结合行业特点、行业资本构成情况等因素综合测定；③在中国境外投资的建设项目财务基准收益率的测定，应首先考虑国家风险因素；④投资者自行测定项目的最低可接受财务收益率，除应考虑上述②中所涉及的因素外，还应根据自身的发展战略和经营策略、具体项目特点与风险、资金成本、机会成本等因素综合测定。

（2）财务内部收益率（*FIRR*）

财务内部收益率是使项目整个计算期内各年净现金流量现值累计等于 0 时的折现率，简称内部收益率，记作 *FIRR*。其表达式为：

$$\sum_{t=1}^{n}(CI-CO)_t(1+FIRR)^{-t}=0$$

财务内部收益率的计算是求解高次方程，为简化计算，在具体计算时可根据现金流量表中净现金流量用试差法进行。

试差法计算财务内部收益率的基本步骤：①用估计的某一折现率对拟建建设项目整个计算期内各年财务净现金流量进行折现，并求出净现值。如果得到的财务净现值等于 0，则选定的折现率即财务内部收益率；如果得到的净现值为一正数，则再选一个更高的折现率再次试算，直至正数财务净现值接近 0 为止。②在第一步的基础上，再继续提高折现率，直至计算出接近 0 的负数财务净现值为止。③根据上两步计算所得的正、负财务净现值及其对应的折现率，运用试差法的公式计算财务内部收益率，计算公式为：

$$FIRR=i_1+(i_2-i_1)\cdot\frac{FNPV_1}{FNPV_1-FNPV_2}$$

（三）反映项目偿债能力的指标与评价方法

1. 借款偿还期（P_d）

借款偿还期是指项目投产后可用于偿还借款的资金来源还清固定资产投资国内借款本金和建设期利息（不包括已用自有资金支付的建设期利息）所需要的时间。

偿还借款的资金来源包括折旧、摊销费、未分配利润和其他收入等。借款偿还期可根据借款还本付息计算表和资金来源与运用表的有关数据计算，以年为单位，记为（P_d）。其计算公式为

$$借款偿还期（P_d）=借款偿清的年份数-1+\frac{偿还当年应付的本息数}{当年用于偿还的资金总额}$$

计算出借款偿还期以后，要与贷款机构的要求期限进行对比，等于或小于贷款机构提出的要求期限，即认为项目是有偿债能力的。否则，从偿债能力角度考虑，认为项目没有偿债能力。

2. 利息备付率（*ICR*）

利息备付率也称已获利息倍数，是指项目在借款偿还期内各年可用于支付利息的税息前利润与当期应付利息费用的比值，它从付息资金来源的充裕性角度反映项目偿付债务利息的保障程度。其计算公式为：

$$ICR=\frac{EBIT}{PI}$$

式中：$EBIT$——息税前利润；

PI——当期应付利息。

利息备付率应分年计算。对于正常经营的企业，利息备付率应当大于 1，并结合债权人的要求确定。利息备付率高，表明利息偿付的保障程度高，偿债风险小；利息备付率低于 1，表示没有足够资金支付利息，偿债风险较大。

3. 偿债备付率（*DSCR*）

偿债备付率是指项目在借款偿还期内，各年可用于还本付息的资金（$EBITDA-T_{AX}$）与当期应还本付息金额（*PD*）的比值。它表示可用于还本付息的资金偿还借款本息的保障程度，应按下式计算：

$$DSCR=\frac{EBITDA-T_{AX}}{PD}$$

式中：$EBITDA$—息税前利润加折旧和摊销；

T_{AX}—企业所得税；

PD—应还本付息的金额。

可用于还本付息的资金，包括可用于还款的折旧和摊销，在成本中列支的利息费用，可用于还款的利润等。当期应还本付息金额包括还本金额和计入总成本费用的全部利息；融资租赁费用可视同借款偿还，运营期内的短期借款本息也应纳入计算。

偿债备付率可以按年计算，也可以按整个借款期计算。偿债备付率表示可用于还本付息的资金偿还借款本息的保证倍率，正常情况应当大于 1，且越高越好。当指标小于 1 时，表示当年资金来源不足以偿付当期债务，需要通过短期借款偿付已到期的债务。

第四章　设计阶段的工程造价管理

第一节　设计阶段的工程造价

一、设计阶段工程造价管理的重要意义

①提高资金利用效率；②提高投资控制效率；③使控制工作更主动；④便于技术与经济相结合；⑤在设计阶段控制工程造价效果最显著。

工程造价控制贯穿项目建设全过程。而设计阶段的工程造价控制是整个工程造价控制的龙头。

初步设计阶段对投资的影响约为20%，技术设计阶段对投资的影响约为40%，施工图设计准备阶段对投资的影响约为25%。很显然，控制工程造价的关键是在设计阶段。在设计一开始就将控制投资的目标贯穿设计工作中，可保证选择恰当的设计标准和合理的功能水平。

（一）投资决策阶段

工程造价控制并不局限于某一单一环节，而是贯穿项目始终，而投资决策阶段是影响造价的重要时期。决策结算中建设标准制定、评选工艺、选择地址、设备配置等都将直接影响造价。而在投资决策阶段，编制投资估算又是其中最具影响力的一环。编制投资估算是工作者预估项目效益的最主要支撑，属于决策性文件。在可行性研究报告完成并获得批准后就可以通过估算大致设备项目投资额度，能够起到控制工程预算的作用。因此，在决策阶段的估算工作中，工作人员需要综合考虑多方因素，此阶段可根据预测给足预算，避免缺口。

（二）设计阶段

设计阶段就是工程施工开始前设计人员按照通过批准的任务书进行方案设计的过程，需要充分考虑到项目的技术问题、安装需要、设备制造以及经济要求等，通过一定的技术给出数据、规划方案以及相关图纸。设计阶段是项目自计划阶段迈入现实阶段的关键环节，一般分为方案设计、初步设计以及施工图设计等步骤，各步骤构成有机整体，步骤造价也相互影响和制约，相互补充，构成造价的控制体系。设计部门编制的设计概算是设计文件的组成部分，设计概算工作不仅能够帮助管理者清晰了解造价构成，也可以详细掌握各组成部分资金在总投资中的比例，进而判断和评估资金分配是否合理。若构成比例较高、投资金额较大，则工作者可以就此部分进行重点研究，通过提升投资控制有效率降低成本。初步设计阶段完成后，项目的规模布局以及材料选择、设备数量及型号等便已经基本确定。换言之，一个建筑产品是否经济合理，在设计阶段就已经基本定型。

（三）施工阶段

工程设计完成后便可进入施工阶段，此阶段工程量已经具体化，且工程招标工作、工程施工合同签订工作均已完成，对工程造价的影响较小，占比在5%至15%之间，因此此阶段实施投资节约的可能性较低。而且随着工程量清单计价规范在全国范围的实施，这一阶段的工程造价的控制已经变得越来越明确，重点是加强施工中工程洽商的签认管理。

（四）竣工结算阶段

竣工结算阶段是造价控制的最后环节。事实上如果在前面几个阶段注重造价的有效控制，那么在这一阶段工程结算的压力和工作量会减少很多，此阶段并不是控制工程造价的重点环节，属于事后控制。由以上各阶段分析得出结论，只重视施工阶段——结算建安工程价款，算细账。这样做尽管也有一定效果，但毕竟不能从根本上解决问题，必须从设计阶段入手，严格按照国家相关标准实施设计工作，重视设计质量及深度，依照实际使用需求以及节能环保理念进行功能设计和完善。这些不仅会影响建设项目的投资金额，还会影响项目建成交付使用后的经济效益和对社会环境的长期影响。设计阶段是协调技术与经济关系的关键环节，在设计阶段控制成本是必要的，也是有效的，体现了主动控制的思想。

二、设计阶段项目工程造价管理的主要工作内容

设计阶段项目工程造价管理的主要工作内容根据委托合同约定可选择设计概算、施工图预算或进行概（预）算审查，工作目标是保证概（预）算编制依据的合法性、时效性、适用性和概（预）算报告的完整性、准确性、全面性。可通过概（预）算对设计方案做出客观经济评价，同时还可根据委托人的要求和约定对设计提出可行的造价管理方法及优化建议。

设计阶段工程造价管理的阶段性工作成果文件是指设计概算造价报告、施工图预算造价报告或其审查意见等。

三、设计阶段控制工程造价的措施

（一）重视限额设计，加强造价控制

限额设计首先要把估算控制在业主同意的限额之内，初步设计概算以及施工图预算都应遵照限额进行有效控制。因投资额上限的控制、后期的经济以及技术间的对立关系将更加突出，设计阶段所有需要定量分析的内容都需要经科学计算得出切实数据，为施工方案的设计提供数据支撑，以此提升施工的经济性、可行性。设计工作完成后再依照方案计算造价的传统方法需要加以改变。

（二）树立价值工程理念

价值工程理念的中心为提升产品价值，需要对内部各项工程进行充分分析，在实现必要功能的前提下降低成本，达到最大经济效益。因此，转变传统设计观念，突破重技术轻经济的理念桎梏极为关键。

（三）重视设计变更管理

设计图纸的质量直接影响施工的可行性和质量，且若在施工阶段产生设计变更将大幅增加投资额，因此，设计单位必须以工程实际为依据重视对设计图纸的审核，最大限度减少其中不合理之处，提升图纸质量。若在设计阶段发现问题则仅须更改图纸，不会造成较大经济损失，越往后浪费的成本越多；若发生于采购阶段则需要重新采购设备材料；若发生在施工阶，则还要增加拆除已施工工程造成的时间和资源浪费。重视设计变更管理极为

重要，将设计变更控制在设计之初，避免在后期施工过程中产生变工，这对控制成本有重要现实意义。若因设计责任产生设计变更进而致使投资失控，则企业需要明确责任人，予以一定惩罚。

（四）完善设计招投标，优化设计

招投标制度的实施能够促使设计人员提升自身设计能力和水平以增加竞争实力，能够在一定程度上提升设计水平，优化设计，达到质量和经济效益的双赢。在此阶段，无论是开发方还是施工方都必须重视设计方案的优势和选择，秉承节能环保的原则在保证工程质量的同时降低施工成本。对于开发商来说，设计方案的完善有助于工程的顺利实施和工程施工成本低的降低，同时还可能获得附加社会效益，达到经济利益和社会效益的双赢；对于施工方来说，完善优质的设计方案有助于尽快进行施工工程，降低人员工作量，提升工作安全性，同时最大限度保障工程质量；对于设计方来说，创新工程方法、优化设计方案是获得招标的最关键前提，能够为自身企业获得最大竞争优势，同时获取良好品牌形象。

（五）积极推行设计施工承包方式

积极推行工程总承包方式是深化我国工程建设项目组织实施方式的改革，是保证工程质量、规范建筑市场秩序的重要措施之一。工程总承包主要指设计—采购—施工总承包这种方式。工程总承包方式一方面能够加强设计和施工的联合度，优化工程设计，减少工程资金投入，可在确保工程质量的基础上降低工程成本；另一方面，可以大幅减少多种不稳定因素对工程质量的负面影响，促使设计人员充分考虑施工的操作性和合理性，利用新工艺、新技术提升工作质量和水平，也能够及时发现与实际情况不符的因素并予以及时调整，保证施工质量，缩短工期。

第二节　设计方案的优选

一、设计方案的评价和比较

（一）设计方案评价原则

为了提高工程建设投资效果，从选择建设场地和工程总平面布置开始，直至建筑节点的设计，都应进行多方案比选，从中选取技术先进、经济合理的最佳设计方案。设计方案优选应遵循以下原则：①设计方案必须处理好技术先进性与经济合理性之间的关系；②设计方案必须兼顾建设与使用，考虑项目全寿命费用项目功能水平；③设计必须兼顾近期与远期的要求。

一项工程建成后，往往会在很长的时期内发挥作用。如果仅按照目前的要求设计工程，可能会出现以后由于项目功能水平无法满足需要而重新建造的情况。但是如果按照未来的需要设计工程，又会出现由于功能水平过高而造成资源闲置浪费的现象。所以，设计时要兼顾近期和远期的要求，选择项目合理的功能水平。同时也要根据远景发展需要，适当留有发展余地。

由于工程项目的使用领域不同，功能水平的要求也不同。因此，对建设项目设计方案进行评价所考虑的因素也不一样。

（二）工业建设项目设计评价

工业建设项目设计是由总平面设计、工艺设计及建筑设计三部分组成，它们之间是相互关联和制约的。各部分设计方案侧重点不同，评价内容也略有差异。因此，分别对各部分设计方案进行技术经济分析与评价，是保证总设计方案经济合理的前提。

1. 总平面设计评价

总平面设计是指总图运输设计和总平面布置。主要包括的内容有：厂址方案、占地面积和土地利用情况；总图运输、主要建筑物和构筑物及公用设施的配置；外部运输、水、电、气及其他外部协作条件等。

（1）总平面设计对工程造价的影响因素

总平面设计是在按照批准的设计任务书选定厂址后进行的，它是对厂区内的建筑物、构筑物、露天堆场、运输线路、管线、绿化及美化设施等做全面合理的配置，以便使整个项目形成布置紧凑、流程顺畅、经济合理、方便使用的格局。总平面设计是工业项目设计的一个重要组成部分，它的经济合理性对整个工业企业设计方案的合理性有极大的影响。

在总平面设计中影响工程造价的因素有：①占地面积；②功能分区；③运输方式的选择。

（2）总平面设计的基本要求

针对以上总平面设计中影响造价的因素，总平面设计应满足以下基本要求：①总平面设计要注意节约用地，尽量少占农田；②总平面设计必须满足生产工艺过程的要求；③总平面设计要合理组织厂内外运输，选择方便经济的运输设施和合理的运输线路；④总平面布置应适应建设地点的气候、地形、工程水文地质等自然条件；⑤总平面设计必须符合城市规划的要求。

（3）工业项目总平面设计的评价指标

①有关面积的指标。②比率指标。包括反映土地利用率和绿化率的指标。建筑系数（建筑密度）：厂区内（一般指厂区围墙内）建筑物、构筑物和各种露天仓库及堆场、操作场地等的占地面积与整个厂区建设用地面积之比。它是反映总平面设计用地是否经济合理的指标，建筑系数大，表明布置紧凑，节约用地，又可缩短管线距离，降低工程造价。土地利用系数：厂区内建筑物、构筑物、露天仓库及堆场、操作场地道路、广场、排水设施及地上地下管线等所占面积与整个厂区建设用地面积之比，反映出总平面布置的经济合理性和土地利用效率。绿化系数。是指厂区内绿化面积与厂区占地面积之比。它综合反映了厂区的环境质量水平。③工程量指标。包括场地平整土石方量、地上及地下管线工程量、防洪设施工程量等。这些指标综合反映了总平面设计中功能分区的合理性及设计方案对地势地形的适应性。④功能指标。包括生产流程短捷、流畅、连续程度，场内运输便捷程度，安全生产满足程度等。⑤经济指标。包括每吨货物运输费用、经营费用等。

（4）总平面设计评价方法

总平面设计方案的评价方法很多，有价值工程理论、模糊数学理论、层次分析理论等不同的方法，操作比较复杂。常用的方法是多指标对比法。

2. 工艺设计评价

工艺设计部分要确定企业的技术水平，主要包括建设规模、标准和产品方案；工艺流程和主要设备的选型；主要原材料、能源供应；“三废”治理及环保措施。此外，还包括生产组织及生产过程中的劳动定员情况等。

（1）工艺设计过程中影响工程造价的因素

工艺设计是工程设计的核心，它是根据工业企业生产的特点、生产性质和功能来确定的。工艺设计一般包括生产设备的选择、工艺流程设计、工艺定额的制定和生产方法的确定。工艺设计标准高低，不仅直接影响工程建设投资的大小和建设进度，而且还决定着未来企业的产品质量、数量和经营费用。在工艺设计过程中影响工程造价的因素主要包括：

①选择合适的生产方法。生产方法是否合适首先表现在是否先进适用。生产方法的合理性还表现在是否符合所采用的原料路线。不同的工艺路线往往要求不同的原料路线。选择生产方法时，要考虑工艺路线对原料规格、型号、品质的要求，原料供应是否稳定可靠。所选择的生产方法应该符合清洁生产的要求。近年来，随着人们环保意识的增强，国

家也加大了环境保护执法监督力度，如果所选生产方法不符合清洁生产要求，项目主管部门往往要求投资者追加环保设施投入，带来工程造价的提高。②合理布置工艺流程。工艺流程设计是工艺设计的核心。合理的工艺流程应既能保证主要工序生产的稳定性，又能根据市场需要的变化，在产品生产的品种规格上保持一定的灵活性。工艺流程设计与厂内运输、工程管线布置联系密切。合理布置应保证主要生产工艺流程无交叉和逆行现象，并使生产线路尽可能短，从而节省占地，减少技术管线的工程量，节约造价。③合理的设备选型。

（2）工艺技术选择的原则

针对工艺设计过程中影响工程造价的因素，工艺技术选择应遵循以下原则：①先进性。项目应尽可能采用先进技术和高新技术。衡量技术先进性的指标有：产品质量性能、产品使用寿命、单位产品物耗能耗、劳动生产率、装备现代化水平等。②适用性。项目所采用的工艺技术应该与国内的资源条件、经济发展水平和管理水平相适应。具体体现在：采用的工艺路线要与可能得到的原材料、能源、主要辅助材料或半成品相适应；采用的技术与可能得到的设备相适应，包括国内和国外设备、主机和辅机；采用的技术、设备与当地劳动力素质和管理水平相适应；采用的技术与环境保护要求相适应，应尽可能采用环保型生产技术。③可靠性。④安全性。⑤经济合理性。

（3）设备选型与设计

在工艺设计中确定了生产工艺流程后，就要根据工厂生产规模和工艺过程的要求，选择设备型号和数量，并对一些标准和非标准设备进行设计。设备和工艺的选择是相互依存、紧密相连的。设备选择的重点因设计形式的不同而不同，应该选择能满足生产工艺要求、能达到生产能力的最适用的设备。

第一，设备选型的基本要求。对主要设备方案选择时应满足以下基本要求：①主要设备方案应与拟选的建设规模和生产工艺相适应，满足投产后生产（或使用）的要求；②主要设备之间、主要设备与辅助设备之间的能力相互配套；③设备质量、性能成熟，以保证生产的稳定和产品质量；④设备选择应在保证质量性能的前提下，力求经济合理；⑤选用设备时，应符合国家和有关部门颁布的相关技术标准要求。

第二，设备选型时应考虑的主要因素。设备选型的依据是企业对生产产品的工艺要求。设备选型重点要考虑设备的使用性能、经济性、可靠性和可维修性等。①设备的使用性能。包括：设备要满足产品生产工艺的技术要求，设备的生产率，与其他系统的配套性、灵活性，及其对环境的污染情况等。②设备的经济性。选择设备时，既要使设备的购置费用不高，又要使设备的维修费较为节省。任何设备都要消耗能量，但应使能源消耗较少，并能节省劳动力消耗。设备要有一定的自然寿命，即耐用性。③设备的可靠性。是指机器设备的精度、准确度的保持性，机器零件的耐用性、执行功能的可靠程度，操作是否安全等。④设备的可维修性。设备维修的难易程度用可维修性表示。一般说来，设计合理，结构比较简单，零部件组装合理，维修时零部件易拆易装，检查容易，零件的通用性、标准性及互换性好，那么可维修性就好。

第三，设备选型方案评价。合理选择设备，可以使有限的投资发挥最大的技术经济效益。设备选型应该遵循生产上适用、技术上先进、经济上合理的原则，考虑生产率、工艺性、可靠性、可维修性、经济性、安全性、环境保护性等因素进行设备选型。设备选择方案评价的方法有工程经济相关理论、寿命周期成本评价法、本量利分析法等。

（4）工艺技术方案的评价

对工艺技术方案进行比选的内容主要有：技术的先进程度、可靠程度，技术对产品质量性能的保证程度，技术对原料的适应程度，工艺流程的合理性，技术获得的难易程度，对环境的影响程度，技术转让费或专利费等技术经济指标。

对工艺技术方案进行比选的方法很多，主要有多指标评价法和投资效益评价法。

3. 建筑设计评价

（1）建筑设计影响工程造价的因素

建筑设计部分，应在兼顾施工过程的合理组织和施工条件的同时，重点考虑工程的平面立体设计和结构方案及工艺要求等因素。

第一，平面形状。一般地说，建筑物平面形状越简单，它的单位面积造价就越低。

第二，流通空间。建筑物平面布置的主要目标之一是，在满足建筑物使用要求和必需的美观要求的前提下，将流通空间减少到最小，这样可以相应地降低造价。

第三，层高。在建筑面积不变的情况下，建筑层高增加会引起各项费用的增加：墙与隔墙及其有关粉刷、装饰费用的提高；供暖空间体积增加，导致热源及管道费增加；卫生设备、上下水管道长度增加；楼梯间造价和电梯设备费用的增加；施工垂直运输量增加；如果由于层高增加而导致建筑物总高度增加很多，则还可能需要增加结构和基础造价。

单层厂房的高度主要取决于车间内的运输方式。选择正确的车间内部运输方式，对于降低厂房高度，降低造价具有重要意义。在可能的条件下，特别是当起重量较小时，应考虑采用悬挂式运输设备来代替桥式吊车；多层厂房的层高应综合考虑生产工艺、采光、通风及建筑经济的因素来进行选择，多层厂房的建筑层高还取决于能否容纳车间内的最大生产设备和满足运输的要求。

第四，建筑物层数。毫无疑问，建筑工程总造价是随着建筑物的层数增加而提高的。但是当建筑层数增加时，单位建筑面积所分摊的土地费用及外部流通空间费用将有所降低，从而使建筑物单位面积造价发生变化。建筑物层数对造价的影响，因建筑类型、形式和结构不同而不同。如果增加一个楼层不影响建筑物的结构形式，单位建筑面积的造价可能会降低。但是当建筑物超过一定层数时，结构形式就要改变，单位造价通常会增加。建筑物越高，电梯及楼梯的造价有提高趋势，建筑物的维修费用也将增加，但是采暖费用有可能下降。

工业厂房层数的选择应该重点考虑生产性质和生产工艺的要求。对于需要跨度大和层度高，拥有重型生产设备和起重设备，生产时有较大振动及大量热和气散发的重型工业设备，采用单层厂房是经济合理的；而对于工艺过程紧凑，设备和产品重量不大，并要求恒温条件的各种轻型车间，可采用多层厂房，以充分利用土地，节约基础工程量，缩短交通线路和工程管线的长度，降低单方造价。同时还可以减少传热面，节约热能。

确定多层厂房的经济层数主要有两个因素：一是厂房展开面积的大小。展开面积越大，层数越可增加。二是厂房宽度和长度。宽度和长度越大，则经济层数越能增加，造价也随之相应降低。

第五，柱网布置。柱网布置是确定柱子的行距（跨度）和间距（每行柱子中相邻两个柱子间的距离）的依据。柱网布置是否合理，对工程造价和厂房面积的利用效率都有较大的影响。由于科学技术的飞跃发展，生产设备和生产工艺都在不断地变化。为适应这种变化，厂房柱距和跨度应当适当扩大，以保证厂房有更大的灵活性，避免生产设备和工艺的改变受到柱网布置的限制。

第六，建筑物的体积与面积。通常情况下，随着建筑物体积和面积的增加，工程总造价会提高，因此应尽量减少建筑物的体积与总面积。为此，对于工业建筑，在不影响生产能力的条件下，厂房、设备布置力求紧凑合理；要采用先进工艺和高效能的设备，节省厂房面积；要采用大跨度、大柱距的大厂房平面设计形式，提高平面利用系数。

第七，建筑结构。建筑结构是指建筑工程中由基础、梁、板、柱、墙、屋架等构件所组成的起骨架作用的、能承受直接和间接“作用”的体系。建筑结构按所用材料可分为砌体结构、钢筋混凝土结构、钢结构和木结构等。

（2）建筑设计评价指标

①单位面积造价。建筑物平面形状、层数、层高、柱网布置、建筑结构及建筑材料等因素都会影响单位面积造价。因此，单位面积造价是一个综合性很强的指标。②建筑物周长与建筑面积比。主要使用单位建筑面积所占的外墙长度指标 $K_{周}$，$K_{周}$越低，设计越经济，$K_{周}$按圆形、正方形、矩形、T 形、L 形的次序依次增大。该指标主要用于评价建筑物平面形状是否经济。该指标越低，平面形状越经济。③厂房展开面积。主要用于确定多层厂房的经济层数，展开面积越大，经济层数越可增加。④厂房有效面积与建筑面积比。该

指标主要用于评价柱网布置是否合理。合理的柱网布置可以提高厂房有效使用面积。⑤工程全寿命成本。工程全寿命成本包括工程造价及工程建成后的使用成本，这是一个评价建筑物功能水平是否合理的综合性指标。一般来讲，功能水平低，工程造价低，但是使用成本高；功能水平高，工程造价高，但是使用成本低。工程全寿命成本最低时，功能水平最合理。

（三）民用建设项目设计评价

民用建设项目设计是根据建筑物的使用功能要求，确定建筑标准、结构形式、建筑物空间与平面布置以及建筑群体的配置等。民用建筑设计包括住宅设计、公共建筑设计以及住宅小区设计。住宅建筑是民用建筑中最大量、最主要的建筑形式。因此，这里主要介绍住宅建筑设计方案评价。

1. 住宅小区建设规划

（1）住宅小区规划中影响工程造价的主要因素

①占地面积；②建筑群体的布置形式。

（2）在住宅小区规划设计中节约用地的主要措施

①压缩建筑的间距；②提高住宅层数或高低层搭配；③适当增加房屋长度；④提高公共建筑的层数；⑤合理布置道路。

（3）居住小区设计方案评价指标

居住小区设计方案评价指标见以下公式：

$$\text{建筑毛密度}=\frac{\text{居住和公共建筑基底面积}}{\text{居住小区占地面积}}\times 100\%$$

$$\text{居住建筑净密度}=\frac{\text{居住建筑基底面积}}{\text{居住建筑占地面积}}\times 100\%$$

$$\text{居住面积密度}（m^2/hm^2）=\frac{\text{居住面积}}{\text{居住建筑占地面积}}\times 100\%$$

$$\text{居住建筑面积密度}（m^2/hm^2）=\frac{\text{居住建筑面积}}{\text{居住建筑占地面积}}\times 100\%$$

$$\text{人口毛密度}（\text{人}/hm^2）=\frac{\text{居住人数}}{\text{居住小区占地面积}}$$

$$\text{人口净密度}（\text{人}/hm^2）=\frac{\text{居住人数}}{\text{居住建筑占地面积}}$$

$$\text{绿化比例}=\frac{\text{居住小区绿化面积}}{\text{居住小区占地总面积}}\times 100\%$$

其中，需要注意区别的是居住建筑净密度和居住面积密度。

①居住建筑净密度是衡量用地经济性和保证居住区必要卫生条件的主要技术经济指标。其数值的大小与建筑层数、房屋间距、层高、房屋排列方式等因素有关。适当提高建筑密度，可节省用地，但应保证日照、通风、防火、交通安全的基本需要。②居住面积密度是反映建筑布置、平面设计与用地之间关系的重要指标。影响居住面积密度的主要因素是房屋的层数，增加层数其数值就增大，有利于节约土地和管线费用。

2. 民用住宅建筑设计评价

（1）民用住宅建筑设计影响工程造价的因素

①建筑物平面形状和周长系数

与工业项目建筑设计类似，如按使用指标，虽然圆形建筑 $K_{周}$最小，但由于施工复杂，施工费用较矩形建筑增加 20%～30%，故其墙体工程量的减少不能使建筑工程造价降低，而且使用面积有效利用率不高，用户使用不便。因此，一般都建造矩形和正方形住宅，既有利于施工，又能降低造价和使用方便。在矩形住宅建筑中，又以长：宽=2：1 为佳。一般住宅单元以 3～4 个住宅单元、房屋长度 60～80m 较为经济。

在满足住宅功能和质量前提下，适当加大住宅宽度。这是由于宽度加大，墙体面积系数相应减少，有利于降低造价。

②住宅的层高和净高

住宅的层高和净高，直接影响工程造价。根据不同性质的工程综合测算住宅层高每降低 10 cm，可降低造价 1. 2%～1. 5%。层高降低还可提高住宅区的建筑密度，节约土地成本及市政设施费。但是，层高设计中还须考虑采光与通风问题，层高过低不利于采光及通风，民用住宅的层高一般不宜超过 2. 8 m。

③住宅的层数与工程造价的关系

民用建筑按层数划分为低层住宅（1～3 层）、多层住宅（4～6 层）、中层住宅（7～9 层）和高层住宅（10 层以上）。在民用建筑中，多层住宅具有降低造价和使用费用以及节约用地的优点。

④住宅单元组成、户型和住户面积

据统计三居室住宅的设计比两居室的设计降低 1. 5%左右的工程造价。四居室的设计又比三居室的设计降低 3. 5%的工程造价。

衡量单元组成、户型设计的指标是结构面积系数（住宅结构面积与建筑面积之比），系数越小设计方案越经济。因为，结构面积小，有效面积就增加。结构面积系数除与房屋结构有关外，还与房屋外形及其长度和宽度有关，同时也与房间平均面积大小和户型组成有关。房屋平均面积越大，内墙、隔墙在建筑面积所占比重就越小。

⑤住宅建筑结构的选择

随着我国工业化水平的提高，住宅工业化建筑体系的结构形式多种多样，考虑工程造价时应根据实际情况，因地制宜、就地取材，采用适合本地区经济合理的结构形式。

（2）民用住宅建筑设计的基本原则

民用建筑设计要坚持“适用、经济、美观”的原则。①平面布置合理，长度和宽度比例适当；②合理确定户型和住户面积；③合理确定层数与层高；④合理选择结构方案。

（3）民用建筑设计的评价指标

①平面指标

该指标用来衡量平面布置的紧凑性、合理性。

$$平面系数K=\frac{居住面积}{建筑面积}\times 100\%$$

$$平面系数K_1=\frac{居住面积}{有效面积}\times 100\%$$

$$平面系数K_2=\frac{辅助面积}{有效面积}\times 100\%$$

$$平面系数K_3=\frac{结构面积}{建筑面积}\times 100\%$$

式中：有效面积指建筑平面中可供使用的面积；居住面积=有效面积-辅助面积；结构面积指建筑平面中结构所占的面积；有效面积+结构面积=建筑面积。对于民用建筑，应尽量减少结构面积比例，增加有效面积。

②建筑周长指标

该指标是墙长与建筑面积之比。居住建筑进深加大，则单元周长缩小，可节约用地，减少墙体，降低造价。

$$单元周长指标（m/m^2）=\frac{单元周长}{单元建筑面积}$$

$$建筑周长指标（m/m^2）=\frac{建筑周长}{建筑占地面积}$$

③建筑体积指标

该指标是建筑体积与建筑面积之比，是衡量层高的指标。

$$建筑体积指标（m^3/m^2）=\frac{建筑体积}{建筑面积}$$

④面积定额指标

$$户均建筑面积=\frac{建筑总面积}{总户数}$$

$$户均使用面积=\frac{使用总面积}{总户数}$$

$$户均面宽指标=\frac{建筑物总长度}{总户数}$$

该指标用于控制设计面积。

⑤户型比

该指标是指不同居室数的户数占总户数的比例，是评价户型结构是否合理的指标。

二、设计方案优选的方法

（一）多指标评分法

根据建设项目不同的使用目的和功能要求，首先对需要进行分析评价的设计方案设定若干个技术经济评价指标，对这些评价指标，按照其在建设项目中的重要程度，分配指标权重，并根据相应的评价标准，邀请有关专家对各设计方案的评价指标的满足程度打分，最后计算各设计方案的综合得分，由此选择综合得分最高的设计方案为最优方案。

（二）计算费用法

计算费用法又叫最小费用法，是将一次性投资和经常性的经营成本统一为一种性质的费用，从而评价设计方案的优劣。最小费用法是在诸多设计方案的功能相同的条件下，项目在整个寿命周期内计算费用最低者为最佳方案，是评价设计方案优劣的常用方法之一。

年计算费用公式为：

$$C_{年}=KE+V$$

式中：C 为费用；K 为平面系数；E 为投资效果系数；V 为年生产成本。

总计算费用公式为：

$$C_{总}=K+Vt$$

式中：C 为费用；K 为平面系数；V 为年生产成本；t 投资回收期。

（三）价值工程法

1. 在设计阶段实施价值工程的意义

①可以使建筑产品的功能更合理。价值工程的核心就是功能分析。②可以有效地控制工程造价。价值工程需要对研究对象的功能与成本之间关系进行系统分析。③可以节约社会资源。价值工程着眼于寿命周期成本，即研究对象在其寿命期内所发生的全部费用。

2. 价值工程在新建项目设计方案优选中的应用步骤

①功能分析。价值工程的核心就是功能分析。②功能评价。功能评价主要是比较各项功能的重要程度，用 0~1 评分法、0~4 评分法、环比评分法等方法，计算各项功能的功能评价系数，作为该功能的重要度权数。③方案创新。根据功能分析的结果，提出各种实现功能的方案。④方案评价。对第③步方案创新提出的各种方案对各项功能的满足程度打分，然后以功能评价系数作为权数计算各方案的功能评价得分。最后再计算各方案的价值系数，以价值系数最大者为最优。

第三节　限额设计

一、限额设计的概念

所谓限额设计就是按照设计任务书批准的投资估算额进行初步设计，按照初步设计概算造价限额进行施工图设计，按施工图预算造价对施工图设计的各个专业设计文件做出决策。

所以限额设计实际上是建设项目投资控制系统中的一个重要环节，或称为一项关键措施。在整个设计过程中，设计人员与经济管理人员密切配合，做到技术与经济的统一。

二、限额设计的全过程

限额设计的全过程是一个目标分解与计划、目标实施、目标实施检查、信息反馈的控制循环过程。如图 4-1 所示。

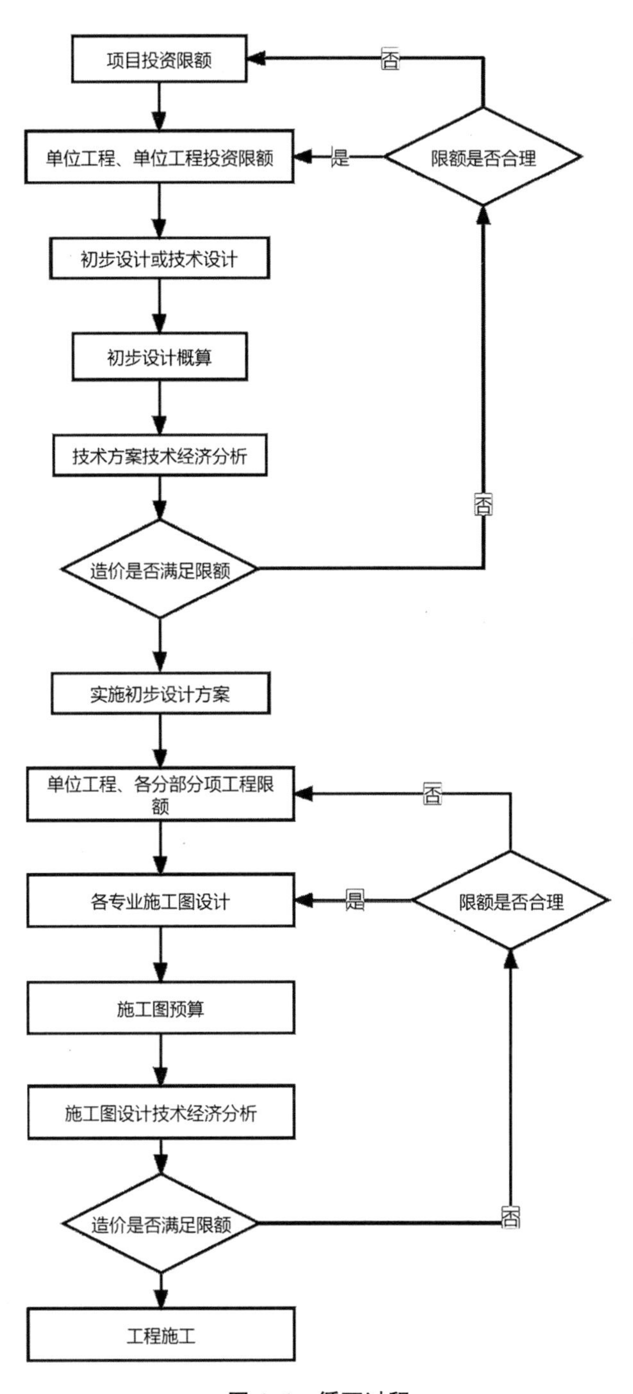

图 4–1　循环过程

三、限额设计、横向控制和纵向控制

按照限额设计过程从前往后依次进行控制，称为纵向控制。

对设计单位及其内部各专业、科室及设计人员进行考核，实施奖惩，进而保证设计质量的一种控制方法，称为横向控制。

第四节　设计概算

一、概算定额

（一）概算定额的概念

概算定额是指在预算定额基础上，确定完成合格的单位扩大分项工程或单位扩大结构构件所须消耗的人工、材料和机械台班的数量标准，又称为扩大结构定额。

概算定额的编制一般分三阶段进行，即准备阶段、编制初稿阶段和审查定稿阶段。

（二）概算定额与预算定额的比较（见表 4-1）

表 4-1　概算定额与预算定额的比较

<table>
<tr><th colspan="2"></th><th>概算定额</th><th>预算定额</th></tr>
<tr><td colspan="2">相同之处</td><td colspan="2">主要内容一致：包括人工、材料和机械台班使用量定额三个基本部分；表达的主要方式一致：以建（构）筑物各个结构部分和分部分项工程为单位表示；
编制方法基本一致</td></tr>
<tr><td rowspan="2">不同之处</td><td>项目划分和综合程度不同</td><td>单位扩大分项工程或扩大结构构件</td><td>单位分项工程或结构构件</td></tr>
<tr><td>用途不同</td><td>用于设计概算</td><td>用于施工图预算</td></tr>
</table>

（三）概算定额的编制原则和编制依据

概算定额应该贯彻社会平均水平和简明适用的原则。

二、工程单价

（一）工程单价的含义

工程单价（也称为定额单价），是指单位假定建筑安装产品的不完全价格，通常是指建筑安装工程的预算单价和概算单价。在确立社会主义市场经济体制之后，为了适应改革开放形势发展的需要，与国际接轨，出现了建筑安装产品的综合单价，也可称为全费用单价，这种单价不仅含有人工、材料、机械台班三项直接工程费，而且包括间接费、利润和税金等内容。

（二）工程单价的编制方法

①分部分项工程直接工程费单价（基价）；②分部分项工程全费用单价：分部分项工程全费用单价=分部分项工程直接工程费单价（基价）×（1+间接费率）×（1+利润率）×（1+税率）

三、设计概算的基本概念

（一）设计概算的含义

建设项目设计概算是初步设计文件的重要组成部分，它是在投资估算的控制下由设计单位根据初步设计或扩大初步设计的图纸及说明，利用国家或地区颁发的概算指标、概算定额或综合指标预算定额、设备材料预算价格等资料，按照设计要求，概略地计算建筑物或构筑物造价的文件。其特点是编制工作相对简略，无须达到施工图预算的准确程度。采用两阶段设计的建设项目，初步设计阶段必须编制设计概算；采用三阶段设计的建设项目，扩大初步设计阶段必须编制修正概算。

（二）设计概算的作用

①设计概算是编制建设项目投资计划，确定和控制建设项目投资的依据；②设计概算是签订建设工程合同和贷款合同的依据；③设计概算是控制施工图设计和施工图预算的依据；④设计概算是衡量设计方案技术经济合理性和选择最佳设计方案的依据；⑤设计概算是考核建设项目投资效果的依据。

（三）设计概算的内容

设计概算可分单位工程概算、单项工程综合概算和建设项目总概算三级。

1. 单位工程概算

单位工程是指具有单独设计文件、能够独立组织施工的工程，是单项工程的组成部分。单位工程概算是确定各单位工程建设费用的文件，是编制单项工程综合概算的依据，是单项工程综合概算的组成部分。单位工程概算按其工程性质分为建筑工程概算和设备及安装工程概算两大类。建筑工程概算包括土建工程概算，给排水、采暖工程概算，通风、空调工程概算，电气照明工程概算，弱电工程概算，特殊构筑物工程概算等；设备及安装工程概算包括机械设备及安装工程概算，电气设备及安装工程概算，热力设备及安装工程概算，工具、器具及生产家具购置费概算等。

2. 单项工程概算

单项工程是指在一个建设项目中，具有独立的设计文件，建成后可以独立发挥生产能力或工程效益的项目。它是建设项目的组成部分，如生产车间、办公楼、食堂、图书馆、学生宿舍、住宅楼、一个配水厂等。单项工程是一个复杂的综合体，是具有独立存在意义的一个完整工程，如输水工程、净水厂工程、配水工程等。单项工程概算是确定一个单项工程所需建设费用的文件，它是由单项工程中各单位工程概算汇总编制而成的，是建设项目总概算的组成部分。

3. 建设项目总概算

建设项目总概算是确定整个建设项目从筹建到竣工验收所需全部费用的文件，它是由各单项工程综合概算、工程建设其他费用概算、预备费、建设期贷款利息和固定资产投资方向调节税概算汇总编制而成的。

若干个单位工程概算汇总后成为单项工程概算，若干个单项工程概算和工程建设其他费用、预备费、建设期利息等概算文件汇总成为建设项目总概算。单项工程概算和建设项目总概算仅是一种归纳、汇总性文件，因此，最基本的计算文件是单位工程概算书。建设项目若为一个独立单项工程，则建设项目总概算书与单项工程综合概算书可合并编制。

四、设计概算的编制原则和依据

（一）设计概算的编制原则

①严格执行国家的建设方针和经济政策的原则。设计概算是一项重要的技术经济工作，要严格按照党和国家的方针、政策办事，坚决执行勤俭节约的方针，严格执行规定的设计标准。②要完整、准确地反映设计内容的原则。编制设计概算时，要认真了解设计意图，根据设计文件、图纸准确计算工程量，避免重算和漏算。设计修改后，要及时修正概算。③要坚持结合拟建工程的实际，反映工程所在地当时价格水平的原则。为提高设计概算的准确性，要实事求是地对工程所在地的建设条件、可能影响造价的各种因素进行认真的调查研究，在此基础上正确使用定额、指标、费率和价格等各项编制依据，按照现行工

程造价的构成，根据有关部门发布的价格信息及价格调整指数，考虑建设期的价格变化因素，使概算尽可能地反映设计内容、施工条件和实际价格。

（二）设计概算的编制依据

①国家、行业和地方政府有关建设和造价管理的法律、法规、规定；②批准的建设项目的设计任务书（或批准的可行性研究文件）和主管部门的有关规定；③初步设计项目一览表；④能满足编制设计概算的各专业设计图纸、文字说明和主要设备表；⑤正常的施工组织设计；⑥当地和主管部门的现行建筑工程和专业安装工程的概算定额、单位估价表、材料及构配件预算价格、工程费用定额和有关费用规定的文件等资料；⑦现行的有关设备原价及运杂费率；⑧现行的有关其他费用定额、指标和价格；⑨资金筹措方式；⑩建设场地的自然条件和施工条件；⑪类似工程的概、预算及技术经济指标；⑫建设单位提供的有关工程造价的其他资料；⑬有关合同、协议等其他资料。

五、设计概算的编制方法

建设项目设计概算的编制，一般首先编制单位工程的设计概算，然后再逐级汇总，形成单项工程综合概算及建设项目总概算。因此，下面分别介绍单位工程设计概算、单项工程综合概算和建设项目总概算的编制方法。

（一）单位工程概算的编制方法

1. 单位工程概算的内容

单位工程概算书是计算一个独立建筑物或构筑物（单项工程）中每个专业工程所需工程费用的文件，分为以下两类：建筑工程概算书和设备及安装工程概算书。单位工程概算文件应包括：建筑（安装）工程直接工程费计算表，建筑（安装）工程人工、材料，机械台班价差表，建筑（安装）工程费用构成表。

2. 单位建筑工程概算的编制方法

（1）概算定额法

概算定额法又叫扩大单价法或扩大结构定额法。它是采用概算定额编制建筑工程概算的方法。是根据初步设计图纸资料和概算定额的项目划分计算出工程量，然后套用概算定额单价（基价），计算汇总后，再计取有关费用，便可得出单位工程概算造价。

概算定额法要求初步设计达到一定深度，建筑结构比较明确，能按照初步设计的平面、立面、剖面图纸计算出楼地面、墙身、门窗和屋面等分部工程（或扩大结构件）项目的工程量时，才可采用。

（2）概算指标法

概算指标法是采用直接工程费指标。概算指标法是用拟建的厂房、住宅的建筑面积（或体积）乘以技术条件相同或基本相同工程的概算指标，得出直接工程费，然后按规定计算出措施费、间接费、利润和税金等，编制出单位工程概算的方法。

当初步设计深度不够，不能准确地计算出工程量，而工程设计技术比较成熟而又有类似工程概算指标可以利用时，可采用概算指标法。

由于拟建工程（设计对象）往往与类似工程的概算指标的技术条件不尽相同，而且概算指标编制年份的设备、材料、人工等价格与拟建工程当时当地的价格也不会一样，因此，必须对其进行调整。

（3）类似工程预算法

类似工程预算法是利用技术条件与设计对象相类似的已完工程或在建工程的工程造价资料来编制拟建工程设计概算的方法。

类似工程预算法在拟建工程初步设计与已完工程或在建工程的设计相类似而又没有可用的概算指标时采用，但必须对建筑结构差异和价差进行调整。建筑结构差异的调整方法与概算指标法的调整方法相同。类似工程造价的价差调整常用的两种方法是：①类似工程造价资料有具体的人工、材料、机械台班的用量时，可按类似工程预算造价资料中的主要材料用量、工日数量、机械台班用量乘以拟建工程所在地的主要材料预算价格、人工单价、机械台班单价，计算出直接工程费，再乘以当地的综合费率，即可得出所需的造价指标；②类似工程造价资料只有人工、材料、机械台班费用和措施费、间接费时。

3. 设备及安装单位工程概算的编制方法

设备及安装工程概算包括设备购置费用概算和设备安装工程费用概算两大部分。

（1）设备购置费概算

设备购置费是根据初步设计的设备清单计算出设备原价，并汇总求出设备总原价，然后按有关规定的设备运杂费率乘以设备总原价，两项相加即为设备购置费概算。

（2）设备安装工程费概算

设备安装工程费概算的编制方法应根据初步设计深度和要求所明确的程度而采用。其主要编制方法有：①预算单价法。当初步设计较深，有详细的设备清单时，可直接按安装工程预算定额单价编制安装工程概算，概算编制程序基本同于安装工程施工图预算。该法具有计算比较具体，精确性较高之优点。②扩大单价法。当初步设计深度不够，设备清单不完备，只有主体设备或仅有成套设备重量时，可采用主体设备、成套设备的综合扩大安装单价来编制概算。上述两种方法的具体操作与建筑工程概算类似。

③设备价值百分比法又叫安装设备百分比法。当初步设计深度不够，只有设备出厂价而无详细规格、重量时，安装费可按占设备费的百分比计算。其百分比值（安装费率）由相关管理部门制定或由设计单位根据已完类似工程确定。该法常用于价格波动不大的定型产品和通用设备产品。④综合吨位指标法。当初步设计提供的设备清单有规格和设备重量时，可采用综合吨位指标编制概算，其综合吨位指标由相关主管部门或由设计院根据已完类似工程资料确定。该法常用于设备价格波动较大的非标准设备和引进设备的安装工程概算。数学表达式为：

设备安装费=设备吨重×每吨设备安装费指标（元/吨）

（二）单项工程综合概算的编制方法

1. 单项工程综合概算的含义

单项工程综合概算是确定单项工程建设费用的综合性文件，它是由该单项工程各专业单位工程概算汇总而成的，是建设项目总概算的组成部分。

2. 单项工程综合概算的内容

单项工程综合概算文件一般包括编制说明（不编制总概算时列入）、综合概算表（含其所附的单位工程概算表和建筑材料表）两大部分。当建设项目只有一个单项工程时，此时综合概算文件（实为总概算）除包括上述两大部分外，还应包括工程建设其他费用、建设期贷款利息、预备费和固定资产投资方向调节税的概算。

（三）建设项目总概算的编制方法

1. 总概算的含义

建设项目总概算是设计文件的重要组成部分，是确定整个建设项目从筹建到竣工交付使用所预计花费的全部费用的文件。它是由各单项工程综合概算、工程建设其他费用、建设期贷款利息、预备费、固定资产投资方向调节税和经营性项目的铺底流动资金概算所组成，按照主管部门规定的统一表格进行编制而成。

2. 总概算的内容

设计总概算文件一般应包括：编制说明、总概算表、各单项工程综合概算书、工程建设其他费用概算表、主要建筑安装材料汇总表。独立装订成册的总概算文件宜加封面、签署页（扉页）和目录。①编制说明。编制说明的内容与单项工程综合概算文件相同。②总概算表。③工程建设其他费用概算表。④主要建筑安装材料汇总表。

第五节 施工图预算的编制

一、预算定额

（一）预算定额的概念

预算定额是指在合理的施工组织设计、正常施工条件下，生产一个规定计量单位合格结构件、分项工程所需的人工、材料和机械台班的社会平均消耗量标准。

（二）预算定额的用途和作用

①预算定额是编制施工图预算、确定建筑安装工程造价的基础；②预算定额是编制施工组织设计的依据；③预算定额是工程结算的依据；④预算定额是施工单位进行经济活动分析的依据；⑤预算定额是编制概算定额的基础；⑥预算定额是合理编制招标控制价、投标报价的基础。

（三）预算定额的编制原则和步骤

1. 预算定额的编制原则

①按社会平均水平确定预算定额的原则。预算定额的平均水平，是在正常的施工条件下，合理的施工组织和工艺条件、平均劳动熟练程度和劳动强度下，完成单位分项工程基本构造要素所需要的劳动时间。②简明适用的原则。坚持统一性和差别性相结合原则。

2. 预算定额的编制程序及要求

预算定额的编制，大致可以分为准备工作、收集资料、编制定额、报批和修改定稿五个阶段。各阶段工作相互有交叉，有些工作还要多次反复。其中，预算定额编制阶段的主要工作如下：①确定编制细则；②确定定额的项目划分和工程量计算规则；③定额人工、材料、机械台班耗用量的计算、复核和测算。

（四）预算定额消耗量的编制方法

确定预算定额人工、材料、机械台班消耗指标时，必须先按施工定额的分项逐项计算出消耗指标，再按预算定额的项目加以综合。但是，这种综合不是简单的合并和相加，而需要在综合过程中增加两种定额之间的适当的水平差。预算定额的水平，首先取决于这些消耗量的合理确定。

人工、材料和机械台班消耗量指标，应根据定额编制原则和要求，采用理论与实际相结合、图纸计算与施工现场测算相结合、编制人员与现场工作人员相结合等方法进行计算和确定，使定额既符合政策要求，又与客观情况一致，便于贯彻执行。

1. 预算定额中人工工日消耗量的计算

人工的工日数可以有两种确定方法。一种是以劳动定额为基础确定；另一种是以现场观察测定资料为基础计算，主要用于遇到劳动定额缺项时，采用现场工作日写实等测时方法确定和计算定额的人工耗用量。预算定额中人工工日消耗量是指在正常施工条件下，生产单位合格产品所必须消耗的人工工日数量，是由分项工程所综合的各个工序劳动定额包括的基本用工、其他用工两部分组成的。

（1）基本用工

基本用工指完成一定计量单位的分项工程或结构构件的各项工作过程的施工任务所必须消耗的技术工种用工。按技术工种相应劳动定额工时定额计算，以不同工种列出定额工日。

人工工日消耗量=基本用工+其他用工

说明：基本用工=Σ（综合取定的工程量×劳动定额）

（2）其他用工

其他用工是辅助基本用工消耗的工日，包括超运距用工、辅助用工和人工幅度差用工。

其他用工=超运距用工+辅助用工+人工幅度差

超运距=预算定额取定运距-劳动定额已包括的运距

超运距用工=Σ（超运距材料数量×时间定额）

辅助用工=Σ（材料加工数量×相应的加工劳动定额）

人工幅度差=（基本用工+辅助用工+超运距用工）×人工幅度差系数

人工幅度差即预算定额与劳动定额的差额，主要是指在劳动定额中未包括而在正常施工情况下不可避免但又很难准确计量的用工和各种工时损失。内容包括：各工种间的工序搭接及交叉作业相互配合或影响所发生的停歇用工；班组操作地点转移用工；施工机械在单位工程之间转移所造成的停工；临时水电线路移动所造成的停工；质量检查和隐蔽工程验收工作的影响及施工中不可避免的其他零星用工等。

人工幅度差系数一般为10%~15%。在预算定额中，人工幅度差的用工量列入其他用工量中。

2. 预算定额中材料消耗量的计算

材料消耗量计算方法主要有：①凡有标准规格的材料，按规范要求计算定额计量单位的耗用量，如砖、防水卷材、块料面层等。②凡设计图纸标注尺寸及下料要求的按设计图纸尺寸计算材料净用量，如门窗制作用材料、方、板料等。③换算法。各种胶结、涂料等材料的配合比用料，可以根据要求条件换算，得出材料用量。④测定法。包括实验室试验法和现场观察法。

材料损耗量，指在正常条件下不可避免的材料损耗、现场内材料运输及施工操作过程中的损耗等。计算公式为：

材料消耗量=材料净用量+损耗量

或材料消耗量=材料净用量×（1+损耗率）

3. 预算定额中机械台班消耗量的计算

预算定额中的机械台班消耗量是指在正常施工条件下，生产单位合格产品（分部分项工程或结构构件）必须消耗的某种型号施工机械的台班数量。

（1）根据施工定额确定机械台班消耗量的计算

这种方法是指用施工定额中机械台班产量加机械幅度差计算预算定额的机械台班消耗量。

机械台班幅度差是指在施工定额中所规定的范围内没有包括，而在实际施工中又不可避免产生的影响机械或使机械停歇的时间。其内容包括：①施工机械转移工作面及配套机械相互影响损失的时间；②在正常施工条件下，机械在施工中不可避免的工序间歇；③工程开工或收尾时工作量不饱满所损失的时间；④检查工程质量影响机械操作的时间；⑤临时停机、停电影响机械操作的时间；⑥机械维修引起的停歇时间。

大型机械幅度差系数为：土方机械25%，打桩机械33%，吊装机械30%。砂浆、混凝土搅拌机由于按小组配用，以小组产量计算机械台班产量，不另增加机械幅度差。其他分部工程中如钢筋加工、木材、水磨石等各项专用机械的幅度差为10%。

预算定额机械耗用台班=施工定额机械耗用台班×（1+机械幅度差系数）

（2）以现场测定资料为基础确定机械台班消耗量

如遇到施工定额缺项者，则需要依据单据时间完成的产量测定。

二、施工图预算的基本概念

（一）施工图预算的含义

施工图预算是在施工图设计完成后工程开工前，根据已批准的施工图纸、现行的预算定额、费用定额和地区人工、材料、设备与机械台班等资源价格，在施工方案或施工组织设计已大致确定的前提下，按照规定的计算程序计算直接工程费、措施费，并计取间接费、利润、税金等费用，确定单位工程造价的技术经济文件。

按以上施工图预算的概念，只要是按照工程施工图以及计价所需的各种依据，在工程实施前所计算的工程价格，均可以称为施工图预算价格。该施工图预算价格既可以是按照政府统一规定的预算单价、取费标准、计价程序计算而得到的属于计划或预期性质的施工图预算价格，也可以是通过招标投标法定程序后施工企业根据自身的实力即企业定额、资源市场单价以及市场供求及竞争状况计算得到的反映市场性质的施工图预算价格。

（二）施工图预算编制的两种模式

①传统定额计价模式；②工程量清单计价模式。

工程量清单计价模式是招标人按照国家统一的工程量清单计价规范中的工程量计算规则提供工程量清单和技术说明，由投标人依据企业自身的条件和市场价格对工程量清单自主报价的工程造价计价模式。

（三）施工图预算的作用

施工图预算作为建设工程建设程序中一个重要的技术经济文件，在工程建设实施过程中具有十分重要的作用，可以归纳为以下几个方面：

1. 施工图预算对投资方的作用

①施工图预算是控制造价及资金合理使用的依据。施工图预算确定的预算造价是工程的计划成本，投资方按施工图预算造价筹集建设资金，并控制资金的合理使用。②施工图预算是确定工程招标控制价的依据。在设置招标控制价的情况下，建筑安装工程的招标控制价可按照施工图预算来确定。招标控制价通常是在施工图预算的基础上考虑工程的特殊施工措施、工程质量要求、目标工期、招标工程范围以及自然条件等因素进行编制的。③施工图预算是拨付工程款及办理工程结算的依据。

2. 施工图预算对施工企业的作用

(1) 施工图预算是建筑施工企业投标时“报价”的参考依据

在激烈的建筑市场竞争中，建筑施工企业需要根据施工图预算造价，结合企业的投标策略，确定投标报价。

(2) 施工图预算是建筑工程预算包干的依据和签订施工合同的主要内容

在采用总价合同的情况下，施工单位通过与建设单位的协商，可在施工图预算的基础上，考虑设计或施工变更后可能发生的费用与其他风险因素，增加一定系数作为工程造价一次性包干。同样，施工单位与建设单位签订施工合同时，其中的工程价款的相关条款也必须以施工图预算为依据。

(3) 施工图预算是施工企业安排调配施工力量，组织材料供应的依据

施工单位各职能部门可根据施工图预算编制劳动力供应计划和材料供应计划，并由此做好施工前的准备工作。

(4) 施工图预算是施工企业控制工程成本的依据

根据施工图预算确定的中标价格是施工企业收取工程款的依据，企业只有合理利用各项资源，采取先进技术和管理方法，将成本控制在施工图预算价格以内，企业才会获得良好的经济效益。

(5) 施工图预算是进行“两算”对比的依据

施工企业可以通过施工图预算和施工预算的对比分析，找出差距，采取必要的措施。

3. 施工图预算对其他方面的作用

①对于工程咨询单位来说，可以客观、准确地为委托方做出施工图预算，以强化投资方对工程造价的控制，有利于节省投资，提高建设项目的投资效益；②对于工程造价管理部门来说，施工图预算是其监督检查执行定额标准、合理确定工程造价、测算造价指数及审定工程招标控制价的重要依据。

(四) 施工图预算的内容

施工图预算有单位工程预算、单项工程预算和建设项目总预算。单位工程预算是根据施工图设计文件、现行预算定额、单位估价表、费用定额以及人工、材料、设备、机械台班等预算价格资料，以一定方法，编制单位工程的施工图预算；然后汇总所有各单位工程施工图预算，成为单项工程施工图预算；再汇总所有单项工程施工图预算，形成最终的建设项目建筑安装工程的总预算。

（五）施工图预算的编制依据

①国家、行业和地方政府有关工程建设和造价管理的法律、法规和规定；②经过批准和会审的施工图设计文件和有关标准图集；③工程地质勘察资料；④企业定额、现行建筑工程和安装工程预算定额和费用定额、单位估价表、有关费用规定等文件；⑤材料与构配件市场价格、价格指数；⑥施工组织设计或施工方案；⑦经批准的拟建项目的概算文件；⑧现行的有关设备原价及运杂费率；⑨建设场地中的自然条件和施工条件；⑩工程承包合同、招标文件。

三、施工图预算的编制方法

（一）工料单价法

工料单价法是指分部分项工程的单价为直接工程费单价，以分部分项工程量乘以对应分部分项工程单价后的合计为单位直接工程费，直接工程费汇总后另加措施费、间接费、利润、税金生成施工图预算造价。按照分部分项工程单价产生的方法不同，工料单价法又可以分为预算单价法和实物法。

1. 预算单价法

预算单价法就是采用地区统一单位估价表中的各分项工程工料预算单价（基价）乘以相应的各分项工程的工程量，求和后得到包括人工费、材料费和施工机械使用费在内的单位工程直接工程费、措施费、间接费、利润和税金可根据统一规定的费率乘以相应的计费基数得到，将上述费用汇总后得到该单位工程的施工图预算造价。

预算单价法编制施工图预算的基本步骤如下：①编制前的准备工作；②熟悉图纸和预算定额以及单位估价表；③了解施工组织设计和施工现场情况；④划分工程项目和计算工程量；⑤套单价（计算定额基价）；⑥工料分析，即按分项工程项目，依据定额或单位估价表，计算人工和各种材料的实物耗量，并将主要材料汇总成表；⑦计算主材费（未计价材料费）；⑧按费用定额取费；⑨计算汇总工程造价。

2. 实物法

用实物法编制单位工程施工图预算，就是根据施工图计算的各分项工程量分别乘以地区定额中人工、材料、施工机械台班的定额消耗量，分类汇总得出该单位工程所需的全部人工、材料、施工机械台班消耗数量，然后再乘以当时当地人工工日单价、各种材料单价、施工机械台班单价，求出相应的人工费、材料费、机械使用费，再加上措施费，就可以求出该工程的直接费。间接费、利润及税金等费用计取方法与预算单价法相同。

单位工程直接工程费=人工费+材料费+机械费

式中：

人工费=综合工日消耗量×综合工日单价

材料费=Σ（各种材料消耗量×相应材料单价）

机械费=Σ（各种机械消耗量×相应机械台班单价）

实物法的优点是能比较及时地将反映各种材料、人工、机械的当时当地市场单价计入预算价格，不须调价，反映了当时当地的工程价格水平。

实物法编制施工图预算的基本步骤如下：

（1）编制前的准备工作

具体工作内容同预算单价法相应步骤的内容。但此时要全面收集各种人工、材料、机械台班的当时当地的市场价格，应包括不同品种、规格的材料预算单价，不同工种、等级的人工工日单价，不同种类、型号的施工机械台班单价等。要求获得的各种价格应全面、真实、可靠。

（2）熟悉图纸和预算定额

本步骤的内容同预算单价法相应步骤。

（3）了解施工组织设计和施工现场情况

本步骤的内容同预算单价法相应步骤。

（4）划分工程项目和计算工程量

本步骤的内容同预算单价法相应步骤。

（5）套用定额消耗量，计算人工、材料、机械台班消耗量

根据地区定额中人工、材料、施工机械台班的定额消耗量，乘以各分项工程的工程量，分别计算出各分项工程所需的各类人工工日数量、各类材料消耗数量和各类施工机械台班数量。

（6）计算并汇总单位工程的人工费、材料费和施工机械台班费

计算公式为：

单位工程直接工程费=Σ（工程量×定额人工消耗量×市场工日单价）+

Σ（工程量×定额材料消耗量×市场材料单价）+

Σ（工程量×定额机械台班消耗量×市场机械台班单价）

（7）计算其他费用，汇总工程造价

对于措施费、间接费、利润和税金等费用的计算，可以采用与预算单价法相似的计算程序，只是有关费率是根据当时当地建设市场的供求情况确定。将上述直接费、间接费、

利润和税金等汇总即为单位工程预算造价。

3. 预算单价法与实物法的异同

预算单价法与实物法首尾部分的步骤是相同的，所不同的主要是中间的三个步骤：

（1）采用实物法计算工程量后，套用相应人工、材料、施工机械台班预算定额消耗量

住房和城乡建设部 20 世纪 90 年代中期颁发的《全国统一建筑工程基础定额》（土建部分，是一部量价分离定额）和现行全国统一安装定额、专业统一和地区统一的计价定额的实物消耗量，是以国家或地方或行业技术规范、质量标准制定的，它反映一定时期施工工艺水平的分项工程计价所需的人工、材料、施工机械消耗量的标准。这些消耗量标准，如建材产品、标准、设计、施工技术及其相关规范和工艺水平等方面没有大的变化，是相对稳定的，因此，它是合理确定和有效控制造价的依据，同时，工程造价主管部门按照定额管理要求，根据技术发展变化也会对定额消耗量标准进行适时地补充修改。

（2）求出各分项工程人工、材料、施工机械台班消耗数量并汇总成单位工程所需各类人工工日、材料和施工机械台班的消耗量

各分项工程人工、材料、机械台班消耗数量是由分项工程的工程量分别乘以预算定额单位人工消耗量、预算定额单位材料消耗量和预算定额单位机械台班消耗量而得出的，然后汇总便可得出单位工程各类人工、材料和机械台班总的消耗量。

（3）用当时当地的各类人工工日、材料和施工机械台班的实际单价分别乘以相应的人工工日、材料和施工机械台班总的消耗量，并汇总后得出单位工程的人工费、材料费和机械使用费

在市场经济条件下，人工、材料和机械台班等施工资源的单价是随市场而变化的，且它们是影响工程造价最活跃、最主要的因素。用实物量法编制施工图预算，能把“量”“价”分开，计算出量后，不再去套用静态的定额基价，而是套用相应预算定额人工、材料、机械台班的定额单位消耗量，分别汇总得到人工、材料和机械台班的实物量，用这些实物量去乘以该地区当时的人工工日、材料、施工机械台班的实际单价，这样能比较真实地反映工程产品的实际价格水平，工程造价的准确性高。虽然有计算过程较单价法烦琐的问题，但采用相关计价软件进行计算可以得到解决。因此，实物量法是与市场经济体制相适应的预算编制方法。

（二）综合单价法

综合单价法是指分项工程单价综合了直接工程费及以外的多项费用，按照单价综合的内容不同，综合单价法可分为全费用综合单价和清单综合单价。

1. 全费用综合单价

全费用综合单价，即单价中综合了分项工程人工费、材料费、机械费，管理费、利润、规费以及有关文件规定的调价、税金以及一定范围的风险等全部费用。以各分项工程量乘以全费用单价的合价汇总后，再加上措施项目的完全价格，就生成了单位工程施工图造价。公式如下：

建筑安装工程预算造价=Σ（分项工程量×分项工程全费用单价）+措施项目完全价格

2. 清单综合单价

分部分项工程清单综合单价中综合了人工费、材料费、施工机械使用费，企业管理费、利润，并考虑了一定范围的风险费用，但并未包括措施费、规费和税金，因此它是一种不完全单价。各分部分项工程量乘以该综合单价的合价汇总后，再加上措施项目费、规费和税金后，就是单位工程的造价。公式如下：

建筑安装工程预算造价=Σ（分项工程量×分项工程不完全单价）+

措施项目不完全价格+规费+税金

第五章　建设工程招标投标阶段工程造价管理

第一节　建设工程招标投标基础内容

一、概述

（一）建设工程招标投标的概念和性质

招标投标是招标人应用技术经济的评价方法和市场竞争机制的作用，通过有组织地开展择优成交的一种成熟的、规范的和科学的特殊交易方式。也就是说，它是由招标人或招标人委托的招标代理机构通过招标公告或投标邀请信，发布招标采购的信息与要求，在同等条件下，邀请潜在的投标人参加平等竞争，由招标人或招标人委托的招标代理机构按照规定的程序和办法，通过对投标竞争者的报价、质量、工期（或交货期）和技术水平等因素进行科学比较和综合分析，从中择优选定中标者，并与其签订合同，以达到招标人行约投资、保证质量和资源优化配置目的的一种特殊的交易方式。

从这种交易方式的过程来看，它包括招标和投标两个最基本的方面：一方面是招标人以一定的方式邀请不特定或一定数量的投标人来投标；另一方面是投标人响应招标人的招标要求参加投标竞争。

1. 建设工程招标投标的概念

建设工程招投标是市场经济的一种竞争方式，是一种特殊的买卖行为。建设工程招标投标是运用于建设工程交易的一种方式。它是将工程项目的建设任务委托纳入市场管理，通过竞争择优选定项目的勘察、设计、设备安装、施工、装饰装修、材料设备供应、监理和工程总承包等单位，达到保证工程质量、缩短建设周期、控制工程造价和提高投资效益的目的。招标投标活动是指采购方作为招标人，货物的卖方和工程的承包方、服务的提供方作为投标人的招标投标活动。招标投标包含招标与投标这一对相互对应事物的两个方面。

建设工程招标是指招标人在发包建设项目之前，由工程建设单位公开提出交易条件，将建设项目的内容和要求以文件形式标明，招引项目拟承建单位来投标，经比较选择理想承建单位并达成协议的活动。由招标单位或有编制标底价资格和能力的中介机构（招投标代理机构）根据设计图样和有关规定，按社会平均水平计算出来的招标工程的预期价格就是标底价，简称标底。

建设工程投标是工程招标的对称概念，是对招标的响应。建设工程投标是指具有合法资格和能力的潜在承包商根据招标条件，经过初步研究和估算，在指点期限内填写标书，向招标单位提出承包该工程项目的价格和条件，供招标单位选择，以获得承包权的活动。由投标单位根据招标文件及有关计算工程造价的资料，按一定的计算程序计算的工程造价或服务费用，在此基础上考虑投标策略以及各种影响工程造价或服务费用的因素，提出的工程价格，就是投标报价，简称报价。其中，招标单位又叫发包单位，中标单位又称为承包单位。

从概念上可以看出，招标投标活动实质上是一种市场竞争行为，这与我国建立社会主义市场体制的发展目标是一致的。在市场经济条件下，建设工程项目招标投标是一种最普遍、最常见的择优方式。

2. 建设工程招标投标的性质

市场经济的一个重要特点，就是要充分发挥竞争机制的作用，使市场主体在平等条件下公平竞争、优胜劣汰，从而实现资源的最优化配置。而招投标这种择优竞争的采购方式完全符合市场经济的上述要求，它通过事先公布采购条件和要求，众多的投标人按照同等条件进行竞争，招标人则按照规定的程序从中选择中标人这一系列的程序，真正实现“公开、公平、公正”的市场竞争原则。

（1）建设工程招标投标活动的特点

①程序规范

在招标投标活动中，从招标、评标、定标到签订合同，每个环节都有严格的程序、规则要求。按照目前的国际惯例，招标投标程序和条件应由招标人，先拟定，在招标投标双方之间是最具有法律效力的规则，一般不得随意改变。当事人双方必须严格按照既定的程序和条件进行招标投标活动。

②编制招标、投标文件

在招标投标活动中，招标人必须编制招标文件，投标人必须根据招标文件内容编制投标文件来参与招投标。与此同时，招标人还需要组织评标委员会对投标文件进行评审和比较，从中选出中标人。因此，是否编制招标、投标文件，是区别招投标与其他采购方式的最主要特征之一。

③全方位开放，透明度高

招标的目的是在尽可能广泛的范围内寻找满足要求的中标者。一般情况下，邀请供应商或承包商的参与是无限制的。招标投标活动的各个环节均体现了“公开、公平、公正和诚实守信”的基本原则。招标人一般要采用招标公告或者投标邀请书的方式邀请所有潜在的投标人参加竞标，并且提供给这些潜在的投标人的招标文件必须对拟采购的货物、工程或服务做详细的说明，使这些投标人有共同的依据来编写投标文件。招标人事先要对各位投标人充分透露评价和比较投标文件以及选定中标者的标准，在提交投标文件的最后截止日进行公开开标，严格禁止招标人与投标人之间就投标文件的实质内容单独谈判。这样，招标投标活动就完全置于公开的社会监督之下，可以防止不正当的交易行为。

④公平、客观

招标投标全过程自始至终都是按照事先规定好的程序和条件，本着公平竞争的原则进行的，在招标公告或者投标邀请书发出之后，任何有能力的、有资格的投标者均可以参与投标。招标方不得有任何歧视某一投标者的行为。同样，评标委员会在组织评标时，也必须公平客观地对待每一位投标人。

⑤交易双方一次性成交

一般交易往往是在进行多次谈判之后才能成交。工程招标投标则不同，在投标人递交投标文件后到确定中标人之前，招标人不得与投标人就投标价格等实质性内容进行单独谈判，禁止双方面对面的讨价还价。也就是说，投标者只能一次性提出报价，并以此报价作为签订合同的基础。

综上所述，招标投标活动对于获取最大限度竞争，使参与投标的供应商或者承包商获得公平、公正的待遇，以及提高公共采购的透明度和客观性，促进采购资金的节约和采购效益的最大化，杜绝腐败和滥用职权，都起到了至关重要的作用。

（2）建设工程招标投标的原则

我国《招标投标法》规定，招标投标活动应当遵循公开、公平、公正和诚实守信的原则。

①公开原则

公开原则是指招标投标活动应有较高的透明度，具体表现在建设工程招标投标的信息公开、条件公开、程序公开和结果公开。公开原则的意义在于使每一个投标人都能获得同等的信息，知悉招标的一切条件和要求，避免“暗箱操作”。

②公平原则

公平原则要求招标人或者评标委员会成员严格按照规定的条件和程序办事，平等地对待每一个投标竞争者，不得对不同的投标竞争者采用不同的标准。招标人不得以任何方式限制或者排斥本地区、本系统以外的法人或其他组织参加投标。

③公正原则

公正原则是指招标人要按照招标文件中的统一标准实事求是地进行评标和决标，不偏袒任何一方。

④诚实守信原则

诚实守信原则是指招标投标当事人应以诚实、守信的态度行使权利，履行义务，以保护双方的利益。诚实是指真实合法，不可用歪曲或隐瞒真实情况的手段去欺骗对方；守信是指遵守承诺，履行合同，不弄虚作假，不损害他人、国家和集体的利益。

二、建设工程招标投标的理论基础、范围、种类与方式

（一）建设工程招标投标的理论基础

1. 竞争机制

实行建设工程的招标投标基本形成了由市场定价的价格机制，使工程价格更加趋于合理。其最明显的表现就是若干投标人之间出现激烈的竞争，他们相互竞标，这种市场竞争最直接、最集中的表现就是价格上的竞争。通过竞争确定出工程造价，使其趋于合理或者下降，这将有利于节约投资，提高投资收益。

2. 价格机制

实行建设工程的招标投标能够不断降低社会平均劳动消耗水平，使工程价格得到有效控制。实行招标投标的项目一般总是那些个别劳动消耗水平最低或者接近最低的投标者获胜。这样便实现了生产力资源的较优配置，也对不同投标者实行了优胜劣汰。面对激烈竞争的压力，为了自身的生存与发展，每个投标者都必须切实地在降低自己的个别劳动消耗水平上下功夫，这样逐步而全面地降低社会平均劳动消耗水平，使工程价格更为合理。

3. 供求机制

实行建设工程的招标投标便于供求双方更好地相互选择，使工程价格更加符合价值基

础，进而更好地控制工程造价。由于供求双方各自的出发点不同，存在利益矛盾，因而单纯采用“一对一”的选择方式，成功的可能性较小。采用招标投标的方式为供求双方在较大范围内进行相互选择创造厂条件，需求者（建设单位、业主）对供给者（勘察设计单位、施工单位）选择的基本出发点是“择优选择”，即选择那些报价较低、工期较短、具有良好业绩和管理水平的供给者，为合理地确定和控制工程造价奠定基础。

最后，实行建设工程的招标投标有利于规范价格行为，使公开、公平、公正的原则得以贯彻，也能够减少交易费用，节省人力、物力、财力，进而使工程造价有所降低。建设工程招标投标活动所涵盖的内容十分广泛，包括建设项目招标的范围、建设项目招标的种类与方式、建设项目招标的程序、建设项目招标投标文件的编制、标底与投标报价的编制与审查、开标、评标、定标等。所有的这些环节都必须按照国家有关的法律、法规认真贯彻并落实。

（二）建设项目招标投标的范围

1. 强制招标的范围

我国《招标投标法》规定，凡在中华人民共和国境内进行下列工程建设项目，包括项目的勘察、设计、施工、监理以及与工程建设有关的重要设备、材料等的采购，必须进行招标。其主要内容包括以下三方面：①大型基础设施、公用事业等关系社会公共利益、公共安全的项目；②全部或者部分使用国有资金投资获国家融资的项目；③使用国际组织或者外国政府贷款、援助资金的项目。

2. 必须进行招标的工程建设项目具体要求

根据我国《招标投标法》的规定，21 世纪初国家发展计划委员会发布了《工程建设项目招标范围和规模标准规定》，对必须招标的工程建设项目的具体范围和规模标准做出了进一步细化：

（1）关系社会公共利益和公众安全的基础设施项目的范围

①煤炭、电力和新能源等能源生产和开发项目；②铁路、公路、管道、航空以及其他交通运输业等交通运输项目；③邮政、电信枢纽、通信、信息网络等邮电通信项目；④防洪、灌溉、排涝、引水、滩涂治理、水土保持、水利枢纽等水利项目；⑤道路、桥梁、地铁和轻轨交通、地下管道、公共停车场等城市设施项目；⑥污水排放及处理、垃圾处理、河湖水环境治理、园林绿化等生态环境建设和保护项目；⑦其他基础设施项目。

（2）关系社会公共利益和公众安全的公用事业项目的范围

①供水、供电、供气、供热等市政工程项目；②科技、教育、文化等项目；③体育、

旅游等项目；④卫生、社会福利等项目；⑤商品住宅，包括经济适用住房；⑥其他公用事业项目。

（3）使用国有资金投资项目的范围

①使用各级财政预算内资金的项目，包括使用政府土地收益，政府减免税费抵用，城市基础设施“四源”建设费，市政公用设施建设费、社会事业建设费、水利建设基金、养路费、污水处理费；②其他纳入财政管理的各种政府性专项建设基金的项目；③使用国有企业事业单位自有资金，并且国有资产投资者实际拥有控制权的项目。

（4）使用国家融资项目的范围

①使用国家发行债券所筹资金的项目；②使用国家对外借款、政府担保或者承诺还款所筹资金的项目；③使用国家政策性贷款资金的项目；④政府授权投资主体融资的项目；⑤政府特许的融资项目。

（5）使用国际组织或者外国政府贷款、援助资金项目的范围

①使用世界银行、亚洲开发银行等国际组织贷款资金的项目；②使用外国政府及其机构贷款资金的项目；③使用国际组织或者外国政府援助资金的项目。

同时，以上五类规定范围内的各类工程建设项目，包括项目的勘察、设计、施工、监理以及与工程建设有关的重要设备、材料等的采购。

3. 可以不进行招标的建设项目范围

①涉及国家安全、国家秘密的工程。涉及国家安全的项目是指国防、尖端科技和军事装备等涉及国家安全、会对国家安全造成重大影响的项目；涉及国家秘密，是指关系国家安全利益，依照法定程序确定，在一定时间内只限定一定范围知悉的事项。②抢险救灾的工程。抢险救灾具有很强的时间性，需要在短时间内采取迅速、果断的行为，以排除险情，救济灾民。③利用扶贫资金实行以工代赈，需要使用农民工等特殊情况。以工代赈是指国家利用扶贫基金建设扶贫工程项目，吸纳扶贫对象参加该工程的建设或成为建成后项目的工作人员，以工资和工程项目的经营收益达到扶贫目的的政策。④勘察、设计采用专利或有特殊要求的情况。建设项目的勘察、设计，采用特定专利或者专有技术的，或者其他建筑艺术造型有特殊要求的，经项目主管部门批准，可以不进行招标。⑤停建或者缓建后恢复建设的单位工程，且承包人未发生变更的。⑥施工企业自建自用的工程，且该施工企业资质等级符合工程要求的。⑦在建工程追加的附属小型工程或者整体加层工程，且承包人未发生变更的。⑧法律、法规和规章规定的其他情形。

第二节　建设工程招标投标

一、建设工程标底的确定

我国大部分建筑工程在进行招标投标时，均是针对建设工程及其设备计算出的一个合理的基本价格。在建设工程招标投标活动中，编制标底是其最重要的环节之一，是评标、定标的重要依据，而且工作时间紧、保密性强，是一项比较烦琐的工作。

标底由招标人（或者委托的具有资质的单位）编制，是招标人对整个招标工程所需费用的期望值。一般情况下，标底价格由工程成本、利润、税金组成，可作为评标、定标的参考。

我国《招标投标法》并没有完全明确规定招标工程是否必须设置标底价。针对不同的招标项目，招标人可以根据工程的实际情况自行决定是否编制标底。若建设工程项目采用固定总价合同，则需要在招标准备阶段编制标底。标底可由招标者自行编制，也可以委托有资质的招投标代理机构编制。标底是招标单位对该项目程的预期价格，也是评标的依据，还可以作为招标效果的检验标准。因此，标底应该完整准确、科学合理，能反映出投标人较为先进的水平。编制标底必须以严肃认真的态度对待，并采用科学合理的方法，实事求是，综合考虑和体现发包方和承包方的利益，编制切实可行的标底，真正发挥标底价格的作用。

标底的作用主要体现在以下三方面：

第一，标底是评标中衡量投标报价是否合理的尺度，是确定投标单位能否中标的重要依据。

第二，标底是防止招标中盲目投价和抑制低价抢标现象的重要手段。

第三，标底是控制投资额、核实建设规模的文件。

二、建设工程投标价的确定

投标报价是建设工程施工企业采取投标的方式承揽建设工程项目时，计算和确定拟承包工程的投标总价格。建设单位在挑选中标者时，投标报价是最重要的判别依据，同时也是建设单位和施工企业就工程标价进行工程建设合同谈判的基础。投标报价是投标文件中最重要的组成部分，其报价的高低直接关系到建筑施工企业的投标结果，投标报价过高，会错失中标机会，而投标报价过低即使中标，也可能是以企业内部亏损为代价。因此，编制投标报价是施工企业投标的关键性工作，投标报价是否合理直接关系到投标的成败。

（一）编制投标报价的依据

①招标人提供的招标文件；②招标人提供的建筑设计施工图、工程量清单及有关技术说明书等；③国家及地区颁发的现行建筑、安装工程预算定额及与之相配套执行的各种费用定额规定等；④地方现行的材料预算价格、采购地点及供应方式等；⑤因招标文件及设计图纸等不明确经咨询后由招标人书面答复的有关资料；⑥企业内部制定的有关费用取费、价格等规定和标准；⑦其他与投标报价计算有关的各项政策、规定及调整系数等；⑧在报价的计算过程中，对于不可预见费用的估算。

（二）编制投标报价的内容

①投标报价编制单位名称、编制人员资格证；②投标报价编制说明；③投标报价计算书；④主要材料用量汇总表；⑤附件。

（三）编制投标报价的方法

与标底的编制类似，编制投标报价的方法分为以定额计价模式投标报价和以工程量清单计价模式投标报价两种。

1. 采用定额计价模式编制投标报价

采用定额计价模式编制投标报价，应当按照招标人要求的编制方法进行。通常是采用预算定额编制，即参照定额规定的分部分项工程子目逐项计算工程量，套用定额基价或根据市场价格确定直接工程费，然后按照规定的费用定额计取各项费用，最后汇总形成投标报价。

2. 采用工程量清单计价模式编制投标报价

采用工程量清单综合单价编制投标报价时，投标人填入工程量清单中的单价是综合单价。综合单价是指完成一个规定计量单位的分部分工程量清单项目或措施清单项目所需的费用。综合单价包括人工费、材料费、机械使用费、企业管理费、利润、风险因素六部分费用。当这六部分费用悉数填入后，将工程量与该单价相乘得出合价，将全部合价汇总后即得出投标总报价。分部分项工程费、措施项目费和其他项目费均采用综合单价计价。因此，采用工程量清单计价的投标报价由分部分项工程费、措施项目费和其他项目费用构成。

（四）常用的报价策略

报价策略是指建筑工程施工企业，在投标竞争过程中工作的系统部署，以及参与投标竞争的方式和手段。通常来讲，报价策略对于建筑施工企业来讲有着十分重要的意义和作用。报价策略作为投标取胜的方式、手段，贯穿投标竞争的始终，内容十分丰富，常用的报价策略有以下几种：

1. 多方案报价法

多方案报价法是指在某些特定的情况下，出于对招投标项目和企业自身经营状况考虑，提出多种方案、多个报价承包建设项目，以增强竞争力，增加企业自身在招标投标活动中获胜的可能性。

若建设单位拟定的招投标条件过于苛刻，为了方便建设单位修改合同，可准备“两个报价”。在这种情况下，投标单位应阐明原合同要求规定，投标报价为某一数值；倘若合同要求做某些更改，则投标报价为另一数值，即比前一数值的投标报价低一定的百分点。以此为条件吸引对方修改合同的某些条款。

2. 根据招标项目的不同特点采用不同报价

①下列情况可以适当提高报价：施工条件差的工程；工期要求急的工程；投标对手的工程；专业要求高的工程；总价低的小工程；支付条件不理想的工程。②下列情况可以适当降低报价：施工条件好的工程；施工企业急于进入某一市场；非急需工程；投标对手多，竞争激烈的公司；支付条件好的公司。

3. 无利润报价

缺乏竞争优势的投标人，在不得已的情况下，只好在计算投标报价中根本不考虑利润去夺标，这种方法一般处于以下条件时采用：①可能在中标后将大部分工程分包给一些索价较低的分包商；②对于分期建设的项目，先以低价获得首期的工程，而后赢得机会创造第二期工程投标中的竞争优势，并在以后的实施中盈利；③较长时期内，投标人没有在建的工程项目，如果再不得标，就难以维持生存。因此，虽然本工程无利可图，但只要能有一定的管理费维持公司的日常运转，便可设法渡过暂时的难关，以图将来东山再起。

三、开标、评标、定标

（一）开标

开标是指招标人在招标文件规定的时间将所有投标人的投标文件启封揭晓。我国《招标投标法》规定，开标应在招标文件中预先规定的时间（一般为投标文件递送截止时间）、地点（一般在建设工程交易中心）进行。

开标由招标人主持，邀请所有的投标人参加。首先，由投标人检查投标文件密封情况，也可以由招标人委托的公证机构检查并公证。经确认无误，由工作人员当众拆封，宣读所有投标文件内投标价格等主要内容，唱标顺序应按各投标单位报送投标文件时间的先后顺序进行。当众宣读有效标函的投标单位名称、投标价格、工期、质量、主要材料用量、修改或撤回通知、投标保证金、优惠条件，以及招标单位认为有必要的内容。开标过程应当全程记录，并存档备查。

（二）评标

开标之后，招标人要接着组织评标。评标是指由招标人依法组建的评标组织根据招标文件规定的评标标准和方法，对投标文件进行系统的评审和比较的过程。

我国《招标投标法》规定，评标应当由招标人依法组织的评标委员会负责。组建评标组织是评标前的一项重要工作。必须依法招标的建设工程项目，其评标委员会由招标人的代表和有关技术、经济方面的专家组成，成员人数为5人以上单数，其中技术、经济等方面专家不得少于成员人数的2/3。

（三）定标

定标程序如下：

1. 中标候选人的确定

招标人根据评标委员会提出的评标报告和推荐的中标候选人确定中标人，也可以授权评标委员会直接确定中标人。依法必须进行施工招标的工程，招标人应当日发出中标通知书之日起15日内，向有关行政监督部门提交施工招标投标情况的书面报告，应说明招标范围、招标方式、投标人须知及技术条款、评标报告和中标结果。

2. 发出中标通知书

确定中标人后，招标人向中标人发出中标通知书，同时通知未中标人中标结果。中标通知书对招标人和中标人具有法律效力，中标通知书发出后，招标人改变中标结果，或者中标人放弃中标项目的，应当依法承担法律责任。

3. 订立书面合同

中标通知书发出后，招标人和中标人应当按照招标文件和中标人的投标文件订立书面合同。招标人无正当理由不与中标人签订合同，给中标人造成损失的，招标人应当给予赔偿。中标人不与招标人订立合同的，投标保证金不予退还并取消其中标资格，给招标人造成的损失超过投标保证金数额的，应当对超过部分予以赔偿。同时，招标人应该在 15 日内，向有关监督部门提交书面报告。

第三节　建设工程标底价（中标价）及投标价的控制手段与方法

一、建设工程标底价（中标价）的控制手段与方法

（一）不低于工程成本的合理标底

采用不低于工程成本的合理标底确定中标承包商的方法，其应用步骤如下：①根据工程施工图、预算定额、费用定额市场材料价格等资料，正确计算成本费用利润和税金；②标底价的降低额度应控制在可降低间接费幅度和利润之和的范围之内；③为了便于计算中标价，在标底价中标明工程成本价格；④计算各单位投标报价成本与标底成本的接近程度，从而选择中标单位。

适用范围：①对于招标单位方面，本方法适用于建设单位经营状况不好，资金短缺或工程质量无特殊要求等情况下的建设工程招投标时，标底价或中标价的合理控制；②对于投标单位方面，本方法比较适合有经营实力且欲占有建设市场一定份额的施工企业运作。

（二）综合评分法确定中标单位

1. 概述

综合评分法是指在确定中标单位时，对投标单位报价的多个方面分别评分，然后选择总分最高者为中标单位的评标方法。它的基本原理是：招标机构在全面了解各投标人投标文件内容的基础上，对工程质量、造价、工期、企业资质业绩、社会信誉等方面进行综合评价，首先逐一对各项指标进行打分，再乘以权重系数后累加得分，最后总分最高者（能最大限度满足招标文件规定的各项评标标准的投标人），即可推荐为中标人。

采用综合评分法时，由于工程项目特点不同、工程所在地不同、招标单位要求不同，评标方法也相应灵活多样。为规范评标活动，需要量化的因素及其权重应当在招标文件中明确规定。

2. 选择中标企业的原则

根据我国住房和城乡建设部颁发的《建设工程招标投标暂行规定》的要求，确定中标企业的主要依据是：标价合理，能保证质量和工期，经济效益好，社会信誉高。对选择中标企业有以下原则性要求：①标价合理。标价合理是指建设项目拟承包单位的投标报价与标底价较接近。但是，投标报价并非越低越好，其判定标准为投标报价的浮动不应超出审定标底价的±5%。②保证质量。投标单位提交的施工方案，在技术上应该达到国家规定的质量验收规范的合格标准，所采用的施工方法和技术措施能满足建设工程的需要。③工期适当。建设工程依据住房和城乡建设部颁发的工期定额确定，并考虑采取技术措施和改进管理办法后可压缩的工期。④企业社会信誉高。社会信誉高是指投标单位过去执行承包合同的情况良好，承包类似工程质量好、造价合理、工期适当、经验丰富。

3. 应用步骤

（1）确定评标定标目标

评标定标目标是指采用该方法筛选中标价的具体计算项目。在采用综合评分法时，通常考虑选择报价、工期、质量、信誉四个项目作为评标定标的目标。

（2）评标定标目标的量化

根据招标项目的特点和招标人的要求，在评标时要将评标定标目标的上述四个项目量化，对投标单位相关项目进行评分、计算。实际运用过程中，还应结合不同建设工程具体分析。

（3）确定各个量化指标的权重

在明确具体的评标因素后，接下来的核心工作便是考虑和评价每个评标因素对评标结果的影响力大小，并按其重要程度进行排序，分别给予其大小不一的权值。对起关键性作用的因素，要重点和优先考虑，并赋予其较高的权值，如投标的价格等；对一般性、影响力不大的因素，则给予较小的权值。如此研究各评标因素的权值大小范围，有利于把握重要评审因素及其审核环节，便于防范和遏制评标工作中的随意性，进一步提高评标工作的科学性和严肃性。

（4）对投标单位进行综合评价

在实际工作中，首先对各评定指标规定了一个上下限，超过这个界限的投标单位不能继续参加评标活动。

（三）以各投标报价的算术平均值为实施标底价

1. 编制工程标底

采用算术平均值作为实施标底价选择中标企业时，需要按照建设工程招标投标程序，由招标单位或委托有相应资质的中介机构代理编制工程标底价。

2. 筛选有效工程报价

招标投标过程中，在收取各投标单位的投标报价之后，应进行资格审查和有效报价的筛选。具体筛选过程为：比较各投标报价与工程标底价，若投标单位的投标报价在工程标底价的±5%范围以内的，视为有效工程报价。

3. 计算实施标底价格

预先编制的工程标底并不能作为准确衡量各投标报价的依据，须在上述步骤中筛选出来的有效工程报价的基础上进行计算，求得实施标底价格，用来作为衡量投标报价的依据。实施标底价格在数量上等于各个有效投标报价的算术平均值，即有效投标报价之和与有效投标报价数量的比值。

4. 选择最接近实施标底价格的工程报价作为中标价

根据上述步骤中计算得出的实施标底价，用以衡量其与各投标报价之间的接近程度，计算各工程投标报价与实施标底价之间的差额绝对值。差额绝对值最小者，即最接近实施标底价格的投标报价，可推荐为中标价。

二、建设工程投标价的控制手段与方法

（一）用企业定额确定工程消耗量

1. 不断编制和修订施工定额

企业施工定额劳动效率高、消耗量低，能促使企业内部革新，努力降低成本，不断降低各种消耗。

2. 根据施工定额计算工程消耗量

施工定额反映了企业的技术和管理水平，采用该定额确定消耗量，计算投标报价，可以使企业生产成本低于行业平均成本，能使企业在投标中处于价格的优势地位。

（二）预算成本法

1. 适用范围

①采用预算定额编制标底和投标报价的地区；②招标文件中允许间接费率、利润率浮动；③招标文件中规定以最接近标底的较低报价为中标价。

2. 应用步骤

①根据施工图和预算定额及有关文件计算工程量；②根据工程量、预算定额和生产要素单价计算工程直接费；③根据直接费和间接费定额计算间接费，最后得到工程预算成本；④根据工程预算成本、利润率、利税率计算利润、税金；⑤汇总以上费用确定工程造价；⑥根据投标策略和企业经营管理水平、施工技术水平状况调减间接费和利润，使工程标价总额控制在企业预算成本加税金的范围内。

（三）不平衡报价法

1. 不平衡报价的原则

①对于难以准确计算工程量的项目，如土石方工程，其单价可以稍稍报高一些，这样做既不会影响总体报价，又可以提高获利的可能性。②对于能先结算程价款的项目，如土石方工程、基础工程等，可以适当提高报价，以便加快资金周转，增加存款利息。对于后期项目，不能先进行结算，如电气照明工程、装修工程等，其报价可以适当地调低一点。③对于施工过程中工程量会增加的项目，可以适当调高单价，这样可以在对报价影响不大的情况下，在工程施工时增加收入；对于施工过程中工程量可能会减少的项目，可以适当调低单价，对降低投标报价有积极作用。④由于施工图纸说明不清楚或有误的情况，导致发生设计变更修改工程比其投标报价可以报高一些，以便在修改设计、调整工程量后误差不至于太大，方便获得较高的收入。

2. 应用步骤

①分析工程量清单，确定调增工程单价的分项工程项目；②分析工程量清单，确定调减工程单价的分项工程项目；③根据数据模型，用不平衡报价计算表分析计算；④不平衡报价效果分析。

第六章　建设工程施工阶段工程造价管理

第一节　工程施工计量

一、工程计量的概念及原则

（一）工程计量的概念

工程计量就是发承包双方根据合同约定，对承包人完成合同工程的数量进行的计算和确认。具体地说，就是双方根据设计图纸、技术规范以及施工合同约定的计量方式和计算方法，对承包人已经完成的质量合格的工程实体数量进行测量与计算，并以物理计量单位或自然计量单位进行表示、确认的过程。

招标工程量清单中所列的数量，通常是根据设计图纸计算的数量，是对合同工程的估计工程量。工程施工过程中，通常会基于一些原因导致承包人实际完成工程量与工程量清单中所列工程量的不一致，比如：招标工程量清单缺项、漏项或项目特征描述与实际不符；工程变更；现场施工条件的变化；现场签证；暂列金额中的专业工程发包等。因此，在工程合同价款结算前，必须对承包人履行合同义务所完成的实际工程进行准确的计量。

（二）工程计量一般遵循的原则

①计量的项目必须是合同（或合同变更）中约定的项目，超出合同规定的项目不予以计量；②计量的项目应是已完工或正在施工项目的完工部分，即是已经完成的分部分项工程；③计量项目的质量应该达到合同规定的质量标准；④计量项目资料齐全，时间符合合同规定；⑤计量结果要得到双方工程师的认可；⑥双方计量的方法一致；⑦对承包人超出设计图纸范围和承包人原因造成返工的工程量，不予计量。

二、工程计量的重要性

（一）计量是控制工程造价的关键环节

工程计量是指根据设计文件及承包合同中关于工程量计算的规定，项目管理机构对承包商申报的已完成工程的工程量进行的核验。合同条件中明确规定工程量表中开列的工程量是该工程的估算工程量，不能作为承包商应予完成的实际和确切的工程量。因为工程量表中的工程量是在编制招标文件时，在图纸和规范的基础上估算的工作量，不能作为结算工程价款的依据，而必须通过项目管理机构对已完的工程进行计量。经过项目管理机构计量所确定的数量是向承包商支付任何款项的凭证。

（二）计量是约束承包商履行合同义务的手段

计量不仅是控制项目投资费用支出的关键环节，同时也是约束承包商履行合同义务、强化承包商合同意识的手段。FIDIC 合同条件规定，业主对承包商的付款，是以工程师批准的付款证书为凭据的，工程师对计量支付有充分的批准权和否决权。对于不合格的工作和工程，工程师可以拒绝计量。同时，工程师通过按时计量，可以及时掌握承包商工作的进展情况和工程进度。当工程师发现工程进度严重偏离计划目标时，可要求承包商及时分析原因、采取措施、加快进度。因此，在施工过程中，项目管理机构可以通过计量支付手段，控制工程按合同进行。

三、工程计量的依据

计量依据一般有质量合格证书、工程量清单前言和技术规范中的“计量支付”条款以及设计图纸。也就是说，计量时必须以这些资料为依据。

（一）质量合格证书

对于承包商已完的工程，并不是全部进行计量，而只是质量达到合同标准的已完工程才予以计量。所以，工程计量必须与质量管理紧密配合，经过专业工程师检验，工程质量达到合同规定的标准后，由专业工程师签署报验申请表（质量合格证书），只有质量合格的工程才予以计量。所以说，质量管理是计量管理的基础，计量又是质量管理的保障，通过计量支付，强化承包商的质量意识。

（二）工程量清单前言和技术规范

工程量清单前言和技术规范是确定计量方法的依据。因为工程量清单前言和技术规范的“计量支付”条款规定了清单中每一项工程的计量方法，同时还规定了按规定的计量方法确定的单价所包括的工作内容和范围。

例如，某高速公路技术规范计量支付条款规定：所有道路工程、隧道工程和桥梁工程中的路面工程按各种结构类型及各层不同厚度分别汇总以图纸所示或工程师指示为依据，按经工程师验收的实际完成数量，以平方米为单位分别计量。计量方法是根据路面中心线的长度乘图纸所表明的平均宽度，再加单独测量的岔道、加宽路面、喇叭口和道路交叉处的面积，以平方米为单位计量。除工程师书面批准外，凡超过图纸所规定的任何宽度、长度、面积或体积均不予计量。

（三）设计图纸

单价合同以实际完成的工程量进行结算，但被工程师计量的工程数量，并不一定是承包商实际施工的数量。计量的几何尺寸要以设计图纸为依据，工程师对承包商超出设计图纸要求增加的工程量和自身原因造成返工的工程量，不予计量。例如：在京津塘高速公路施工管理中，灌注桩的计量支付条款中规定按照设计图纸以延米计量，其单价包括所有材料及施工的各项费用，根据这个规定，如果承包商做了 35m，而桩的设计长度为 30m，则只计量 30m，业主按 30m 付款。承包商多做了 5m 灌注桩所消耗的钢筋及混凝土材料，业主不予补偿。

四、工程计量的方法

工程师一般只对以下三方面的工程项目进行计量：①工程量清单中的全部项目；②合同文件中规定的项目；③工程变更项目。

根据 FIDIC 合同条件的规定，一般可按照以下方法进行计量：

（一）均摊法

所谓均摊法，就是对清单中某些项目的合同价款，按合同工期平均计量，如为造价管理者提供宿舍、保养测量设备、保养气象记录设备、维护工地清洁和整洁等。这些项目都有一个共同的特点，即每月均有发生，所以可以采用均摊法进行计量支付。例如：保养气象记录设备，每月发生的费用是相同的，如本项合同款额为 2000 元，合同工期为 20 个月，则每月计量、支付的款额为2000元/20月=100元/月。

（二）凭据法

所谓凭据法，就是按照承包商提供的凭据进行计量支付。如建筑工程险保险费、第三方责任险保险费、履约保证金等项目，一般按凭据法进行计量支付。

（三）估价法

所谓估价法，就是按合同文件的规定，根据工程师估算的已完成的工程价值支付。如为工程师提供办公设施和生活设施，为工程师提供用车，为工程师提供测量设备、天气记录设备、通信设备等项目。这类清单项目往往要购买几种仪器设备，当承包商对于某一项清单项目中规定购买的仪器设备不能一次购进时，则须采用估价法进行计量支付。

（四）断面法

断面法主要用于取土坑或填筑路堤土方的计量。对于填筑土方工程，一般规定计量的体积为原地面线与设计断面所构成的体积。采用这种方法计量，在开工前承包商须测绘出原地形的断面，并须经工程师检查，作为计量的依据。

（五）图纸法

在工程量清单中，许多项目采取按照设计图纸所示的尺寸进行计量。如混凝土构筑物的体积、钻孔桩的桩长等。

（六）分解计量法

所谓分解计量法，就是将一个项目，根据工序或部位分解为若干子项。对完成的各子项进行计量支付。这种计量方法主要是为了解决一些包干项目或较大的工程项目的支付时间过长，影响承包商的资金流动等问题。

第二节　施工阶段合同变更价款的确定

在工程项目的实施过程中，由于多方面的情况变更，经常出现工程量变化、施工进度变化，以及发包方与承包方在执行合同中的争执等许多问题。这些问题的产生，一方面是由于勘察设计工作不细，以致在施工过程中发现许多招标文件中没有考虑或估算不准确的工程量，因而不得不改变施工项目或增减工程量；另一方面是由于发生不可预见的事件，如自然或社会原因引起的停工或工期拖延等。由于工程变更所引起的合同价款的变化、承包商的索赔等，都有可能使项目造价（投资）超出原来的预算投资，造价管理者必须严格予以控制，密切注意其对未完工程投资支出的影响及对工期的影响。

一、法规变化类合同价款变更

因国家法律、法规、规章和政策发生变化影响合同价款的风险，发承包双方应在合同中约定由发包人承担。

（一）基准日的确定

为了合理划分发、承包双方的合同风险，施工合同中应当约定一个基准日，对于基准日之后发生的、作为一个有经验的承包人在招标投标阶段不可能合理预见的风险，应当由发包人承担。对于实行招标的建设工程，一般以施工招标文件中规定的提交投标文件的截止时间前的第 28 天作为基准日；对于不实行招标的建设工程，一般以建设工程施工合同签订前的第 28 天作为基准日。

（二）合同价款的调整方法

施工合同履行期间，国家颁布的法律、法规、规章和有关政策在合同工程基准日之后发生变化，且因执行相应的法律、法规、规章和政策引起工程造价发生增减变化的，合同双方当事人应当依据法律、法规、规章和有关政策的规定调整合同价款。但是，如果有关价格（如人工、材料和工程设备等价格）的变化已经包含在物价波动事件的调价公式中，则不再予以考虑。

（三）工期延误期间的特殊处理

如果是承包人的原因导致的工期延误，在工程延误期间国家的法律、行政法规和相关政策发生变化引起工程造价变化，造成合同价款增加的，合同价款不予调整；造成合同价款减少的，合同价款予以调整。

二、工程变更类合同价款变更

（一）工程变更

工程变更可以理解为是合同工程实施过程中由发包人提出或由承包人提出经发包人批

准的合同工程的任何改变。工程变更指令发出后，应当迅速落实指令，全面修改相关的各种文件。承包人也应当抓紧落实，如果承包人不能全面落实变更指令，则扩大的损失应当由承包人承担。

1. 工程变更的范围

根据《标准施工招标文件》中的通用合同条款，工程变更的范围和内容包括：①取消合同中任何一项工作，但被取消的工作不能转由发包人或其他人实施；②改变合同中任何一项工作的质量或其他特性；③改变合同工程的基线、标高、位置或尺寸；④改变合同中任何一项工作的施工时间或改变已批准的施工工艺或顺序；⑤为完成工程需要追加的额外工作。

2. 工程变更处理程序

①设计单位对原设计存在的缺陷提出的工程变更，应编制设计变更文件；建设单位或承包单位提出的变更，应提交造价总管理者，由造价总管理者组织专业造价管理者审查。审查同意后，应由建设单位转交原设计单位编制设计变更文件。当工程变更涉及安全、环保等内容时，应按规定经有关部门审定。②项目管理机构应了解实际情况和收集与工程变更有关的资料。③造价总管理者必须根据实际情况、设计变更文件和其他有关资料，按照施工合同的有关款项，在指定专业造价管理者完成下列工作后，对工程变更的费用和工期做出评估。确定工程变更项目与原工程项目之间的类似程度和难易程度；确定工程变更项目的工程量；确定工程变更的单价或总价。④造价总管理者应就工程变更费用及工期的评估情况与承包单位和建设单位进行协调。⑤造价总管理者签发工程变更单。工程变更单应包括工程变更要求、工程变更说明、工程变更费用和工期、必要的附件等内容，有设计变更文件的工程变更应附设计变更文件。⑥项目管理机构根据项目变更单监督承包单位实施。在建设单位和承包单位未能就工程变更的费用等方面达成协议时，项目管理机构应提出一个暂定的价格，作为临时支付工程款的依据。该工程款最终结算时，应以建设单位与承包单位达成的协议为依据。在造价总管理者签发工程变更单之前，承包单位不得实施工程变更。未经总造价管理者审查同意而实施的工程变更，项目管理机构不得予以计量。

3. 工程变更价款的确定方法

（1）分部分项工程费的调整

工程变更引起分部分项工程项目发生变化的，应按照下列规定调整：①已标价工程量清单中有适用于变更工程项目的，且工程变更导致的该清单项目的工程数量变化不足 15% 时，采用该项目的单价；②已标价工程量清单中没有适用、但有类似于变更工程项目的，可在合理范围内参照类似项目的单价或总价调整；③已标价工程量清单中没有适用也没有类似于变更工程项目的，由承包人根据变更工程资料、计量规则和计价办法、工程造价管理机构发布的信息（参考）价格和承包人报价浮动率，提出变更工程项目的单价或总价，报发包人确认后调整；④已标价工程量清单中没有适用也没有类似于变更工程项目，且工程造价管理机构发布的信息（参考）价格缺价的，由承包人根据变更工程资料、计量规则、计价办法和通过市场调查等取得的有合法依据的市场价格提出变更工程项目的单价或总价，报发包人确认后调整。

（2）措施项目费的调整

工程变更引起措施项目发生变化的，承包人提出调整措施项目费的，应事先将拟实施的方案提交发包人确认，并详细说明与原方案措施项目相比的变化情况。拟实施的方案经发承包双方确认后执行，并应按照下列规定调整措施项目费：①安全文明施工费，按照实际发生变化的措施项目调整，不得浮动；②采用单价计算的措施项目费，按照实际发生变化的措施项目按前述分部分项工程费的调整方法确定单价；③按总价（或系数）计算的措施项目费，除安全文明施工费外，按照实际发生变化的措施项目调整，但应考虑承包人报价浮动因素。

如果承包人未事先将拟实施的方案提交给发包人确认，则视为工程变更不引起措施项目费的调整或承包人放弃调整措施项目费的权利。

（3）删减工程或工作的补偿

如果发包人提出的工程变更，非因承包人原因删减了合同中的某项原定工作或工程，致使承包人发生的费用或（和）得到的收益不能被包括在其他已支付或应支付的项目中，也未被包含在任何替代的工作或工程中，则承包人有权提出并得到合理的费用及利润补偿。

（二）项目特征描述不符

1. 项目特征描述

项目的特征描述是确定综合单价的重要依据之一，承包人在投标报价时应依据发包人提供的招标工程量清单中的项目特征描述，确定其清单项目的综合单价。发包人在招标工程量清单中对项目特征的描述，应被认为是准确的和全面的，并且与实际施工要求相符合。承包人应按照发包人提供的招标工程量清单，根据其项目特征描述的内容及有关要求实施合同工程，直到其被改变为止。

2. 合同价款的调整方法

承包人应按照发包人提供的设计图纸实施合同工程，若在合同履行期间，出现设计图纸（含设计变更）与招标工程量清单任一项目的特征描述不符，且该变化引起该项目的工程造价增减变化的，发承包双方应当按照实际施工的项目特征，重新确定相应工程量清单项目的综合单价，调整合同价款。

（三）招标工程量清单缺项

1. 清单缺项漏项的责任

招标工程量清单必须作为招标文件的组成部分，其准确性和完整性由招标人负责。因此，招标工程量清单是否准确和完整，其责任应当由提供工程量清单的发包人负责，作为投标人的承包人不应承担因工程量清单的缺项、漏项以及计算错误带来的风险与损失。

2. 合同价款的调整方法

（1）分部分项工程费的调整

施工合同履行期间，由于招标工程量清单中分部分项工程出现缺项漏项，造成新增工程清单项目的，应按照工程变更事件中关于分部分项工程费的调整方法，调整合同价款。

（2）措施项目费的调整

由于招标工程量清单中分部分项工程出现缺项漏项，引起措施项目发生变化的，应当按照工程变更事件中关于措施项目费的调整方法，在承包人提交的实施方案被发包人批准后，调整合同价款；由于招标工程量清单中措施项目缺项，承包人应将新增措施项目实施方案提交发包人批准后，按照工程变更事件中的有关规定调整合同价款。

（四）工程量偏差

1. 工程量偏差的概念

工程量偏差是指承包人根据发包人提供的图纸（包括由承包人提供经发包人批准的图纸）进行施工，按照现行国家计量规范规定的工程量计算规则，计算得到的完成合同工程项目应予计量的工程量与相应的招标工程量清单项目列出的工程量之间出现的量差。

2. 合同价款的调整方法

施工合同履行期间，若应予计算的实际工程量与招标工程量清单列出的工程量出现偏差，或者工程变更等非承包人原因导致工程量偏差，该偏差对工程量清单项目的综合单价将产生影响，是否调整综合单价以及如何调整，发承包双方应当在施工合同中约定。如果合同中没有约定或约定不明的，可以按以下原则办理：

（1）综合单价的调整原则

当应予计算的实际工程量与招标工程量清单出现偏差（包括由工程变更等原因导致的工程量偏差）超过15%时，对综合单价的调整原则为：当工程量增加15%以上时，其增加部分的工程量的综合单价应予调低；当工程量减少15%以上时，减少后剩余部分的工程量的综合单价应予调高。至于具体的调整方法，则应由双方当事人在合同专用条款中约定。

（2）措施项目费的调整

当应予计算的实际工程量与招标工程量清单出现偏差（包括由工程变更等原因导致的工程量偏差）超过15%，且该变化引起措施项目相应发生变化，如该措施项目是按系数或单一总价方式计价的，对措施项目费的调整原则为：工程量增加的，措施项目费调增；工程量减少的，措施项目费调减。至于具体的调整方法，则应由双方当事人在合同专用条款中约定。

（五）计日工

1. 计日工费用的产生

发包人通知承包人以计日工方式实施的零星工作，承包人应予执行。采用计日工计价的任何一项变更工作，承包人应在该项变更的实施过程中，按合同约定提交以下报表和有关凭证送发包人复核：①工作名称、内容和数量；②投入该工作所有人员的姓名、工种、级别和耗用工时；③投入该工作的材料名称、类别和数量；④投入该工作的施工设备型号、台数和耗用台时；⑤发包人要求提交的其他资料和凭证。

2. 计日工费用的确认和支付

任一计日工项目实施结束，承包人应按照确认的计日工现场签证报告核实该类项目的工程数量，并根据核实的工程数量和承包人已标价工程量清单中的计日工单价计算，提出应付价款；已标价工程量清单中没有该类计日工单价的，由发承包双方按工程变更的有关规定商定计日工单价计算。

每个支付期末，承包人应与进度款同期向发包人提交本期间所有计日工记录的签证汇总表，以说明本期间自己认为有权得到的计日工金额，调整合同价款，列入进度款支付。

三、物价变化类合同价款变更

（一）物价波动

施工合同履行期间，因人工、材料、工程设备和施工机械台班等价格波动影响合同价款时，发承包双方可以根据合同约定的调整方法，对合同价款进行调整。因物价波动引起的合同价款调整方法有两种：一种是采用价格指数调整价格差额，另一种是采用造价信息调整价格差额。承包人采购材料和工程设备的，应在合同中约定主要材料、工程设备价格变化的范围或幅度，如没有约定，则材料、工程设备单价变化超过5%，超过部分的价格按上述两种方法之一进行调整。

1. 采用价格指数调整价格差额

采用价格指数调整价格差额的方法，主要适用于施工中所用的材料品种较少，但每种材料使用量较大的土木工程，如公路、水坝等。

（1）价格调整公式

因人工、材料、工程设备和施工机械台班等价格波动影响合同价款时，根据投标函附录中的价格指数和权重表约定的数据，按以下价格调整公式计算差额并调整合同价款：

$$\Delta P = P_0\left[A + \left(B_1 \times \frac{F_{t1}}{F_{01}} + B_2 \times \frac{F_{t2}}{F_{02}} + B_3 \times \frac{F_{t3}}{F_{03}} + \cdots + B_n \times \frac{F_{tn}}{F_{0n}}\right) - 1\right]$$

其中：ΔP ——表示须调整的价格差额；

P_0——根据进度付款、竣工付款和最终结清等付款证书中，承包人应得到的已完成工程量的金额；此项金额应不包括价格调整、不计质量保证金的扣留和支付、预付款的支付和扣回；变更及其他金额已按现行价格计价的，也不计算在内；

A ——定值权重（即不调部分的权重）；

B_1，B_2，B_3，…，B_n ——各可调因子的变值权重（即可调部分的权重）为各可调因子在投标函投标总报价中所占的比例；

F_{t1}，F_{t2}，F_{t3}，…，F_{tn} ——各可调因子的现行价格指数，指根据进度付款、竣工付款和最终结清等约定的付款证书相关周期最后一天的前42天的各可调因子的价格指数；

F_{01}，F_{02}，F_{03}，…，F_{0n} ——各可调因子的基本价格指数，指基准日的各可调因子的价格指数。

以上价格调整公式中的各可调因子、定值和变值权重，以及基本价格指数及其来源在投标函附录价格指数和权重表中约定。价格指数应首先采用工程造价管理机构提供的价格指数，缺乏上述价格指数时，可采用工程造价管理机构提供的价格代替。

在计算调整差额时得不到现行价格指数的，可暂用上一次价格指数计算，并在以后的付款中再按实际价格指数进行调整。

（2）权重的调整

按变更范围和内容所约定的变更，导致原定合同中的权重不合理时，由承包人和发包人协商后进行调整。

（3）工期延误后的价格调整

由于发包人原因导致工期延误的，则对于计划进度日期（或竣工日期）后续施工的工程，在使用价格调整公式时，应采用计划进度日期（或竣工日期）与实际进度日期（或竣工日期）的两个价格指数中较高者作为现行价格指数。

由于承包人原因导致工期延误的，则对于计划进度日期（或竣工日期）后续施工的工程，在使用价格调整公式时，应采用计划进度日期（或竣工日期）与实际进度日期（或竣工日期）的两个价格指数中较低者作为现行价格指数。

2. 采用造价信息调整价格差额

采用造价信息调整价格差额的方法，主要适用于使用的材料品种较多，相对而言每种材料使用量较小的房屋建筑与装饰工程。

施工合同履行期间，因人工、材料、工程设备和施工机械台班价格波动影响合同价格时，人工、施工机械使用费按照国家或省、自治区、直辖市建设行政管理部门、行业建设管理部门或其授权的工程造价管理机构发布的人工成本信息、施工机械台班单价或施工机具使用费系数进行调整；需要进行价格调整的材料，其单价和采购数应由发包人复核，发包人确认须调整的材料单价及数量，作为调整合同价款差额的依据。

（1）人工单价的调整

人工单价发生变化时，发承包双方应按省级或行业建设主管部门或其授权的工程造价管理机构发布的人工成本文件调整合同价款。

（2）材料和工程设备价格的调整

材料、工程设备价格变化的价款调整，按照承包人提供主要材料和工程设备一览表，根据发承包双方约定的风险范围，按以下规定进行调整：①如果承包人投标报价中材料单价低于基准单价，工程施工期间材料单价涨幅以基准单价为基础超过合同约定的风险幅度值时，或材料单价跌幅以投标报价为基础超过合同约定的风险幅度值时，其超过部分按实调整。②如果承包人投标报价中材料单价高于基准单价，工程施工期间材料单价跌幅以基准单价为基础超过合同约定的风险幅度值时，或材料单价涨幅以投标报价为基础超过合同约定的风险幅度值时，其超过部分按实调整。③如果承包人投标报价中材料单价等于基准单价，工程施工期间材料单价涨、跌幅以基准单价为基础超过合同约定的风险幅度值时，其超过部分按实调整。④承包人应当在采购材料前将采购数量和新的材料单价报发包人核对，确认用于本合同工程时，发包人应当确认采购材料的数量和单价。发包人在收到承包人报送的确认资料后 3 个工作日不予答复的，视为已经认可，作为调整合同价款的依据。如果承包人未报经发包人核对即自行采购材料，再报发包人确认调整合同价款的，如发包人不同意，则不做调整。

（3）施工机械台班单价的调整

施工机械台班单价或施工机具使用费发生变化超过省级或行业建设主管部门或其授权的工程造价管理机构规定的范围时，按照其规定调整合同价款。

（二）暂估价

暂估价是指招标人在工程量清单中提供的用于支付必然发生但暂时不能确定价格的材料、工程设备的单价以及专业工程的金额。

1. 给定暂估价的材料、工程设备

（1）不属于依法必须招标的项目

发包人在招标工程量清单中给定暂估价的材料和工程设备不属于依法必须招标的，由承包人按照合同约定采购，经发包人确认后以此为依据取代暂估价，调整合同价款。

（2）属于依法必须招标的项目

发包人在招标工程量清单中给定暂估价的材料和工程设备属于依法必须招标的，由发承包双方以招标的方式选择供应商。依法确定中标价格后，以此为依据取代暂估价，调整合同价款。

2. 给定暂估价的专业工程

（1）不属于依法必须招标的项目

发包人在工程量清单中给定暂估价的专业工程不属于依法必须招标的，应按照前述工程变更事件的合同价款调整方法，确定专业工程价款，并以此为依据取代专业工程暂估价，调整合同价款。

（2）属于依法必须招标的项目

发包人在招标工程量清单中给定暂估价的专业工程，依法必须招标的，应当由发承包双方依法组织招标选择专业分包人，并接受有管辖权的建设工程招标投标管理机构的监督。

①除合同另有约定外，承包人不参加投标的专业工程，应由承包人作为招标人，但拟定的招标文件、评标方法、评标结果应报送发包人批准。与组织招标工作有关的费用应当被认为已经包括在承包人的签约合同价（投标总报价）中。②承包人参加投标的专业工程，应由发包人作为招标人，与组织招标工作有关的费用由发包人承担。同等条件下，应优先选择承包人中标。③专业工程依法进行招标后，以中标价为依据取代专业工程暂估价，调整合同价款。

四、工程索赔

索赔是工程承包合同履行中，当事人一方因对方不履行或不完全履行既定的义务，或者由于对方的行为使权利人受到损失时，要求对方补偿损失的权利。索赔是工程承包中经常发生并随处可见的正常现象。施工现场条件、气候条件的变化，施工进度的变化，以及合同条款、规范、标准文件和施工图纸的变更、差异、延误等因素的影响，使得工程承包中不可避免地出现索赔，进而导致项目的投资发生变化。因此，索赔的控制将是建设工程施工阶段投资控制的重要手段。

五、其他类合同价款变更

其他类合同价款变更主要指现场签证。现场签证是指发包人或其授权现场代表（包括工程监理人、工程造价咨询人）与承包人或其授权现场代表就施工过程中涉及的责任事件所做的签认证明。施工合同履行期间出现现场签证事件的，发承包双方应变更合同价款。

（一）现场签证的提出

承包人应发包人要求完成合同以外的零星项目、非承包人责任事件等工作的，发包人应及时以书面形式向承包人发出指令，提供所需的相关资料；承包人在收到指令后，应及时向发包人提出现场签证要求。

承包人在施工过程中，若发现合同工程内容因场地条件、地质水文、发包人要求等不一致时，应提供所需的相关资料，提交发包人签证认可，作为合同价款调整的依据。

（二）现场签证报告的确认

承包人应在收到发包人指令后的 7 天内，向发包人提交现场签证报告，发包人应在收到现场签证报告后的 48 小时内对报告内容进行核实，予以确认或提出修改意见。发包人在收到承包人现场签证报告后的 48 小时内未确认也未提出修改意见的，视为承包人提交的现场签证报告已被发包人认可。

（三）现场签证报告的要求

①现场签证的工作如果已有相应的计日工单价，现场签证报告中仅列明完成该签证工作所需的人工、材料、工程设备和施工机械台班的数量；②如果现场签证的工作没有相应的计日工单价，应当在现场签证报告中列明完成该签证工作所需的人工、材料、工程设备和施工机械台班的数量及其单价。

现场签证工作完成后的 7 天内，承包人应按照现场签证内容计算价款，报送发包人确认后，作为增加合同价款，与进度款同期支付。

（四）现场签证的限制

合同工程发生现场签证事项，未经发包人签证确认，承包人便擅自实施相关工作的，除非征得发包人书面同意，否则发生的费用由承包人承担。

第三节　施工阶段造价控制

一、施工阶段造价控制概述

（一）施工阶段造价概述

根据建筑产品的特点和成本管理的要求，施工阶段造价可按不同标准的应用范围进行划分。

①按成本计价的定额标准，施工阶段造价可分为预算成本、计划成本和实际成本。预算成本，是按建筑安装工程实物量和国家或地区或企业制定的预算定额及取费标准计算的社会平均成本或企业平均成本，是以施工图预算为基础进行分析、预测、归集和计算确定的。计划成本，是在预算成本的基础上，根据企业自身的要求，结合施工项目的技术特征、自然地理特征、劳动力素质、设备情况等确定的标准成本，亦称目标成本。实际成本，是工程项目在施工过程中实际发生的可以列入成本支出的各项费用的总和，是工程项目施工活动中劳动耗费的综合反映。②按计算项目成本对象，施工阶段造价可分为建设工程成本、单项工程成本、单位工程成本、分部工程成本和分项工程成本。③按工程完成程度的不同，施工阶段造价可分为本期施工成本、已完施工成本、未完工程成本和竣工施工工程成本。④按生产费用与工程量关系，施工阶段造价可分为固定成本和变动成本。固定成本，是指在一定的期间和一定的工程量范围内，其发生的成本额不受工程量增减变动的影响而相对固定的成本，如折旧费、大修理费、管理人员工资、办公费等。变动成本，是指发生总额随着工程量的增减变动而成正比例变动的费用，如直接用于工程的材料费、实行计划工资制的人工费等。⑤按成本的构成要素划分，施工阶段造价由人工费、材料费、施工机具使用费、企业管理费、利润、规费以及税金构成。

（二）施工阶段造价分析的方法

1. 成本分析的基本方法

（1）比较法

又称指标对比分析法，是指将实际指标与计划指标对比，将本期实际指标与上期实际指标对比，将本企业与本行业平均水平、先进水平对比。

（2）因素分析法

又称连环置换法，可用来分析各种因素对成本的影响程度。

（3）差额计算方法

是指利用各个因素的目标值与实际值的差额来计算其对成本的影响程度，是因素分析法的简化方法。

（4）比率法

包括相关比率法、构成比率法和动态比率法。

相关比率法：将两个性质不同而又相关的指标对比考察经营成本的好坏。

构成比率法：通过构成比例考察成本总量的构成情况及各成本项目占成本总量的比重。

动态比率法：将同类指标不同时期的数值进行对比，分析该项指标的发展方向和速度。

2. 综合成本的分析方法

综合成本是指涉及多种生产要素，并受多种因素影响的成本费用，如分部分项工程成本，月（季）度成本、年度成本等。因此，综合成本的分析方法也涉及多种。

（1）分部分项工程成本分析

施工项目包括很多种分部分项工程，通过对分部分项工程成本的系统分析，可以基本了解项目成本形成的全过程，方法是：进行预算成本、计划成本和实际成本的“三算”对比，计算实际偏差和目标偏差，分析产生原因。

（2）月（季）度成本分析

它是施工项目定期的、经常性的中间成本分析，依据是当月（季）度的成本报表。

（3）年度成本分析

其依据是年度成本报表，重点是针对下一年度的施工进展情况，规划切实可行的成本管理措施，保证施工项目成本目标的实现。

（4）竣工成本的综合分析

分为两种情况：有几个单位工程而且是单独进行成本核算的施工项目；只有一个单位

工程的施工项目。

（三）施工阶段造价控制的任务

施工阶段造价控制是指在保证满足工程质量、工程施工工期的前提下，对项目实施过程中所发生的费用，通过计划、组织、控制和协调等活动实现预定的成本目标，并尽可能地降低施工阶段造价费用的一种科学管理活动。主要通过施工技术、施工工艺、施工组织管理、合同管理和经济手段等活动来最终达到施工阶段造价控制的预定目标，获得最大限度的经济利益。要达到这一目标，必须认真做好以下几项工作：

1. 搞好成本预测，确定成本控制目标

要结合中标价，根据项目施工条件、机械设备、人员素质等情况对项目的成本目标进行科学预测，通过预测确定工、料、机及间接费的控制标准，制订出费用限额控制方案，依据投入和产出费用额，做到量效挂钩。

2. 围绕成本目标，确立成本控制原则

施工阶段造价控制是在实施过程中对资源的投入、施工过程及成果进行监督、检查和衡量，并采取措施保证项目成本实现。搞好成本控制就必须把握好 5 项原则，即项目全面控制原则，成本最低化原则，项目责、权、利相结合原则，项目动态控制原则，项目目标控制原则。

3. 查找有效途径，实现成本控制目标

为了有效降低项目成本，必须采取以下办法和措施进行控制：采取组织措施控制工程成本；采取新技术、新材料、新工艺措施控制工程成本；采取经济措施控制工程成本；加大质量管理力度；控制返工率控制工程成本；加强合同管理力度，控制工程成本。

除此之外，在项目成本管理工作中，应及时制定落实相配套的各项行之有效的管理制度，将成本目标层层分解，签订项目成本目标管理责任书，并与经济利益挂钩，奖罚分明，强化全员项目成本控制意识，落实完善各项定额，定期召开经济活动分析会，及时总结、不断完善，最大限度确保项目经营管理工作的良性运作。

施工阶段造价管理是施工企业项目管理中的一个子系统，具体包括预测、决策、计划、控制、核算、分析和考核等一系列工作环节。

二、施工阶段造价控制的工作流程

建设工程施工阶段涉及的面很广，涉及的人员很多，与造价控制有关的工作也很多，我们不能逐一加以说明，只能对实际情况加以适当简化。

三、施工阶段资金使用计划的编制

施工阶段造价控制的目的是确保投资目标的实现。因此，造价管理者必须编制资金使用计划，合理地确定造价（投资）控制目标值，包括投资的总目标值、分目标值、各详细目标值。如果没有明确的投资控制目标，就无法进行项目造价（投资）实际支出值与目标值的比较，不能进行比较也就不能找出偏差，不知道偏差程度，就会使控制措施缺乏针对性。在确定造价（投资）控制目标时，应有科学的依据。如果投资目标值与人工单价、材料预算价格、设备价格及各项有关费用和各种取费标准不相适应，那么造价（投资）控制目标便没有实现的可能，则控制也是徒劳的。

由于人们对客观事物的认识有个过程，也由于人们在一定时间内所占有的经验和知识有限，因此，对工程项目的造价（投资）控制目标应辩证地对待，既要维护造价（投资）控制目标的严肃性，也要允许对脱离实际的既定造价（投资）控制目标进行必要的调整，调整并不意味着可以随意改变工程项目造价（投资）（因涉及计划值与实际值比较，以下统称投资）目标值，而必须按照有关的规定和程序进行。

（一）投资目标的分解

编制资金使用计划过程中最重要的步骤，就是项目投资目标的分解。根据投资控制目标和要求的不同，投资目标的分解可以分为按投资构成、按子项目、按时间分解三种类型。

1. 按投资构成分解的资金使用计划

工程项目的投资主要分为建筑安装工程投资、设备工器具购置投资及工程建设其他投资。由于建筑工程和安装工程在性质上存在较大差异，投资的计算方法和标准也不尽相同。因此，在实际操作中往往将建筑工程投资和安装工程投资分解开来。

在按项目投资构成分解时，可以根据以往的经验和建立的数据库来确定适当的比例。必要时也可以做一些适当的调整。例如：如果估计所购置的设备大多包括安装费，则可将安装工程投资和设备购置投资作为一个整体来确定它们所占的比例，然后再根据具体情况决定细分或不细分。按投资的构成来分解的方法比较适合于有大量经验数据的工程项目。

2. 按子项目分解的资金使用计划

大中型的工程项目通常是由若干单项工程构成的，而每个单项工程包括了多个单位工程，每个单位工程又是由若干个分部分项工程构成的，因此，首先要把项目总投资分解到单项工程和单位工程中。

一般来说，由于概算和预算大都是按照单项工程和单位工程来编制的，所以将项目总投资分解到各单项工程和单位工程是比较容易的。需要注意的是，按照这种方法分解项目总投资，不能只是分解建筑安装工程投资和设备工器具购置投资，还应该分解项目的其他投资。但项目其他投资所包含的内容既与具体单项工程或单位工程直接有关，也与整个项目建设有关，因此必须采取适当的方法，将项目其他投资合理地分解到各个单项工程和单位工程中。最常用的也是最简单的方法就是按照单项工程的建筑安装工程投资和设备工器具购置投资之和的比例分摊，但其结果可能与实际支出的投资相差甚远。因此，实践中一般应对工程项目的其他投资的具体内容进行分析，将其中确实与各单项工程和单位工程有关的投资分离出来，按照一定比例分解到相应的工程内容上。其他与整个项目有关的投资则不分解到各单项工程和单位工程上。

另外，对各单位工程的建筑安装工程投资还需要进一步分解，在施工阶段一般可分解到分部分项工程。

3. 按时间进度分解的资金使用计划

工程项目的投资总是分阶段、分期支出的，资金应用是否合理与资金的时间安排有密切关系。为了编制项目资金使用计划，并据此筹措资金，尽可能减少资金占用和利息支出，有必要将项目总投资按其使用时间进行分解。

编制按时间进度的资金使用计划，通常可利用控制项目进度的网络图进一步扩充而得。即在建立网络图时，一方面确定完成各项工作所需花费的时间，另一方面同时确定完成这一工作的合适的投资支出预算；在实践中，将工程项目分解为既能方便地表示时间，又能方便地表示投资支出预算的工作是不容易的，通常如果项目分解程度对时间控制合适的话，则对投资支出预算可能分配过细，以至于不可能对每项工作确定其投资支出预算；反之亦然。因此，在编制网络计划时应在充分考虑进度控制对项目划分要求的同时，还要考虑确定投资支出预算对项目划分的要求，做到二者兼顾。

以上三种编制资金使用计划的方法并不是相互独立的。在实践中，往往是将这几种方法结合起来使用，从而达到扬长避短的效果。例如，将按子项目分解项目总投资与按投资构成分解项目总投资两种方法相结合，横向按子项目分解，纵向按投资构成分解，或相反。这种分解方法有助于检查各单项工程和单位工程造价构成是否完整，有无重复计算或缺项；同时还有助于检查各项具体的投资支出的对象是否明确或落实，并且可以从数字上校核分解的结果有无错误。或者还可将按子项目分解项目总造价目标与按时间分解项目总造价目标结合起来，一般是纵向按子项目分解，横向按时间分解。

（二）资金使用计划的形式

1. 按子项目分解得到的资金使用计划表

在完成工程项目投资目标分解之后，接下来就要具体地分配投资，编制工程分项的投资支出计划，从而得到详细的资金使用计划表。其内容一般包括：①工程分项编码；②工程内容；③计量单位；④工程数量；⑤计划综合单价；⑥本分项总计。

在编制投资支出计划时，要在项目总的方面考虑总的预备费，也要在主要的工程分项中安排适当的不可预见费，避免在具体编制资金使用计划时，可能发现个别单位工程或工程量表中某项内容的工程量计算有较大出入，使原来的投资预算失实，并在项目实施过程中对其尽可能地采取一些措施。

2. 时间一投资累计曲线

通过对项目投资目标按时间进行分解，在网络计划基础上，可获得项目进度计划的横道图，并在此基础上编制资金使用计划。其表示方式有两种：一种是在总体控制时标网络图上表示；另一种是利用时间—投资曲线（S 形曲线）表示。

时间—投资累计曲线的绘制步骤如下：

（1）确定工程项目进度计划，编制进度计划的横道图。

（2）根据每单位时间内完成的实物工程量或投入的人力、物力和财力，计算单位时间（月或旬）的投资，在时标网络图上按时间编制投资支出计划。

（3）计算规定时间计划累计完成的投资额，其计算方法为：各单位时间计划完成的投资额累加求和，可按下式计算：

$$Q_t = \sum_{n=1}^{t} q_n$$

式中：Q_t——表示某时间计划累计完成投资额；

q_n——表示单位时间 n 的计划完成投资额；

t——表示某规定计划时刻。

（4）按各规定时间的 Q_t 值，绘制 S 形曲线。

每一条 S 形曲线都对应某一特定的工程进度计划。因为在进度计划的非关键路线中存在许多有时差的工序或工作，因而 S 形曲线（投资计划值曲线）必然包络在由全部工作都按最早开始时间开始和全部工作都按最迟必须开始时间开始的曲线所组成的“香蕉图”内。建设单位可根据编制的投资支出预算来合理安排资金，同时建设单位也可以根据筹措的建设资金来调整 S 形曲线，即通过调整非关键路线上的工作的最早或最迟开工时间，力争将实际的投资支出控制在计划的范围内。

一般而言，所有工作都按最迟开始时间开始，对节约建设单位的建设资金贷款利息是有利的，但同时，也降低了项目按期竣工的保证率。因此，造价管理者必须合理地确定投资支出计划，达到既节约投资支出，又能控制项目工期的目的。

3. 综合分解资金使用计划表

将投资目标的不同分解方法相结合，会得到比前者更为详尽、有效的综合分解资金使用计划表。综合分解资金使用计划表一方面有助于检查各单项工程和单位工程的投资构成是否合理，有无缺陷或重复计算；另一方面也可以检查各项具体的投资支出的对象是否明确和落实，并可校核分解的结果是否正确。

四、施工阶段造价（费用）控制的措施

（一）偏差原因分析

偏差分析的一个重要目的就是要找出引起偏差的原因，从而有可能采取有针对性的措施，减少或避免相同原因再次发生。在进行偏差原因分析时，首先应当将已经导致和可能导致偏差的各种原因逐一列举出来。导致不同工程项目产生投资偏差的原因具有一定共性，因而可以通过对已建项目的投资偏差原因进行归纳、总结，为该项目采取预防措施提供依据。

对偏差原因进行分析的目的是为了有针对性地采取纠偏措施，从而实现投资的动态控制和主动控制。纠偏首先要确定纠偏的主要对象，如上面介绍的偏差原因，有些是无法避免和控制的，如客观原因，充其量只能对其中少数原因做到防患于未然，力求减少该原因所产生的经济损失。对于施工原因所导致的经济损失通常是由承包商自己承担的，从投资控制的角度只能加强合同的管理，避免被承包商索赔。所以，这些偏差原因都不是纠偏的主要对象。纠偏的主要对象是业主原因和设计原因造成的投资偏差。在确定了纠偏的主要对象之后，就需要采取有针对性的纠偏措施。纠偏可采用组织措施、经济措施、技术措施和合同措施等。

（二）造价（费用）控制的措施

对施工阶段的造价（费用）控制应给予足够的重视，应从组织、经济、技术、合同等多方面采取措施。

1. 组织措施

组织措施是指从投资控制的组织管理方面采取的措施。组织措施是其他措施的前提和保障。

①在项目管理班子中落实从投资控制角度进行施工跟踪的人员、任务分工和职能分

工；②编制本阶段投资控制工作计划和详细的工作流程图。

2. 经济措施

经济措施不能只理解为审核工程量及相应支付价款，应从全局出发来考虑，如检查投资目标分解的合理性、资金使用计划的保障性、施工进度计划的协调性。另外，通过偏差分析和未完工程预测可以发现潜在的问题，及时采取预防措施，从而取得造价控制的主动权。

①编制资金使用计划，确定、分解投资控制目标。对工程项目造价目标进行风险分析，并制定防范性对策。②进行工程计量。③复核工程付款账单，签发付款证书。④在施工过程中进行投资跟踪控制，定期进行投资实际支出值与计划目标值的比较；发现偏差，分析产生偏差的原因，采取纠偏措施。⑤协商确定工程变更的价款，审核竣工结算。⑥对工程施工过程中的投资支出做好分析与预测，经常或定期向建设单位提交项目投资控制及其存在问题的报告。

3. 技术措施

不同的技术措施往往会有不同的经济效果。运用技术措施纠偏，对不同的技术方案进行技术经济分析加以选择。

①对设计变更进行技术经济比较，严格控制设计变更；②继续寻找通过设计挖潜节约投资的可能性；③审核承包商编制的施工组织设计，对主要施工方案进行技术经济分析。

4. 合同措施

合同措施在纠偏方面是指索赔管理。在施工过程中，索赔事件的发生是难免的，发生索赔事件后要认真审查索赔依据是否符合合同规定、计算是否合理等。

①做好工程施工记录，保存各种文件图纸，特别是注有实际施工变更情况的图纸，注意积累素材，为正确处理可能发生的索赔提供依据。参与处理索赔事宜。②参与合同修改、补充工作，着重考虑它对投资控制的影响。

第四节　工程索赔控制

一、工程索赔的内容

（一）承包商向业主的索赔

1. 不利的自然条件与人为障碍引起的索赔

不利的自然条件是指施工中遭遇到的实际自然条件比招标文件中所描述的更为困难和

恶劣，是一个有经验的承包商无法预测的不利的自然条件与人为障碍，导致了承包商必须花费更多的时间和费用，在这种情况下，承包商可以向业主提出索赔要求。

（1）地质条件变化引起的索赔

一般来说，在招标文件中规定，由业主提供有关该项工程的勘察所取得的水文及地表以下的资料。但在合同中往往写明承包商在提交投标书之前，已对现场和周围环境及与之有关的可用资料进行了考察和检查，包括地表以下条件及水文和气候条件。承包商应对自己对上述资料的解释负责。但合同条件中经常还有另外一条：在工程施工过程中，承包商如果遇到了现场气候条件以外的外界障碍或条件，在其看来这些障碍和条件是一个有经验的承包商也无法预见到的，则承包商应就此向造价管理者提供有关通知，并将一份副本呈交业主。收到此类通知后，如果造价管理者认为这类障碍或条件是一个有经验的承包商无法合理预见到的，在与业主和承包商适当协商以后，应给予承包商延长工期和费用补偿的权利，但不包括利润。以上两条并存的合同文件，往往是承包商同业主及造价管理者各执一端争议的缘由所在。

（2）工程中人为障碍引起的索赔

在施工过程中，如果承包商遇到了地下构筑物或文物，如地下电缆、管道和各种装置等，只要是图纸上并未说明的，承包商应立即通知造价管理者，并共同讨论处理方案。如果导致工程费用增加（如原计划是机械挖土，现在不得不改为人工挖土），承包商即可提出索赔。这种索赔发生争议较少。由于地下构筑物和文物等确属是有经验的承包商难以合理预见的人为障碍，一般情况下，因遭遇人为障碍而要求索赔的数额并不太大，但闲置机器而引起的费用是索赔的主要部分。如果要减少突然发生的障碍的影响，造价管理者应要求承包商详细编制其工作计划，以便在必须停止一部分工作时，仍有其他工作可做。当未预知的情况所产生的影响是不可避免时，造价管理者应立即与承包商就解决问题的办法和有关费用达成协议，给予工期延长和成本补偿。如果办不到的话，可发出变更命令，并确定合适的费率和价格。

2. 工程变更引起的索赔

在工程施工过程中，由于工地上不可预见的情况、环境的改变，或为了节约成本等，在造价管理者认为必要时，可以对工程或其任何部分的外形、质量或数量做出变更。任何此类变更，承包商均不应以任何方式使合同作废或无效。但如果造价管理者确定的工程变更单价或价格不合理，或缺乏说服承包商的依据，则承包商有权就此向业主进行索赔。

3. 工期延期的费用索赔

工期延期的索赔通常包括两个方面：一是承包商要求延长工期；二是承包商要求偿付由于非承包商原因导致工程延期而造成的损失。一般这两方面的索赔报告要求分别编制。

因为工期和费用索赔并不一定同时成立。例如：由于特殊恶劣气候等原因承包商可以要求延长工期，但不能要求补偿；也有些延误时间并不影响关键路线的施工，承包商可能得不到延长工期的承诺。但是，如果承包商能提出证据说明其延误造成的损失，就有可能有权获得这些损失的补偿，有时两种索赔可能混在一起，既可以要求延长工期，又可以获得对其损失的补偿。

（1）工期索赔

承包商提出工期索赔，通常是由于下述原因：①合同文件的内容出错或互相矛盾；②造价管理者在合理的时间内未曾发出承包商要求的图纸和指示；③有关放线的资料不准；④不利的自然条件；⑤在现场发现化石、钱币、有价值的物品或文物；⑥额外的样本与试验；⑦业主和造价管理者命令暂停工程；⑧业主未能按时提供现场；⑨业主违约；⑩业主风险；⑪不可抗力。

以上这些原因要求延长工期，只要承包商能提出合理的证据，一般可获得造价管理者及业主的同意，有的还可索赔损失。

（2）延期产生的费用索赔

以上提出的工期索赔中，凡属于客观原因造成的延期，属于业主也无法预见到的情况，如特殊反常天气等，承包商可得到延长工期，但得不到费用补偿。凡纯属业主方面的原因造成拖期，不仅应给承包商延长工期，还应给予费用补偿。

4. 加速施工费用的索赔

一项工程可能遇到各种意外的情况或由于工程变更而必须延长工期。但由于业主的原因（例如：该工程已经出售给买主，须按议定时间移交给买主），坚持不给延期，迫使承包商加班赶工来完成工程，从而导致工程成本增加，如何确定加速施工所发生的附加费用，合同双方可能差距很大。因为影响附加费用款额的因素很多，如投入的资源量、提前的完工天数、加班津贴、施工新单价等。解决这一问题建议采用“奖金”的办法，鼓励承包商克服困难，加速施工。即规定当某一部分工程或分部工程每提前完工一天，发给承包商奖金若干。这种支付方式的优点是：不仅促使承包商早日建成工程，早日投入运行，而且计价方式简单，避免了计算加速施工、延长工期、调整单价等许多容易扯皮的烦琐计算和讨论。

5. 业主不正当地终止工程而引起的索赔

由于业主不正当地终止工程，承包商有权要求补偿损失，其数额是承包商在被终止工程中的人工、材料、机械设备的全部支出，以及各项管理费用、保险费、贷款利息、保函费用的支出（减去已结算的工程款），并有权要求赔偿其盈利损失。

6. 物价上涨引起的索赔

物价上涨是各国市场的普遍现象，尤其在一些发展中国家。由于物价上涨，人工费和材料费不断增长，引起了工程成本的增加。

7. 法律、货币及汇率变化引起的索赔

（1）法律改变引起的索赔

如果在基准日期（投标截止日期前的28天）以后，由于业主国家或地方的任何法规、法令、政令或其他法律或规章发生了变更，导致承包商成本增加。对承包商由此增加的开支，业主应予补偿。

（2）货币及汇率变化引起的索赔

如果在基准日期以后，工程施工所在国政府或其授权机构对支付合同价格的一种或几种货币实行货币限制或货币汇兑限制，则业主应补偿承包商因此而受到的损失。

如果合同规定将全部或部分款额以一种或几种外币支付给承包商，则这项支付不应受上述指定的一种或几种外币与工程施工所在国货币之间的汇率变化的影响。

8. 拖延支付工程款的索赔

如果业主在规定的应付款时间内未能按工程师的任何证书向承包商支付应支付的款额，承包商可在提前通知业主的情况下，暂停工作或减缓工作速度，并有权获得任何误期的补偿和其他额外费用的补偿（如利息）。FIDIC合同规定利息以高出支付货币所在国中央银行的贴现率加3个百分点的年利率进行计算。

9. 业主的风险

（1）FIDIC合同条件对业主风险的定义

业主的风险是指：①战争、敌对行动（不论宣战与否）、入侵、外敌行动；②工程所在国内的叛乱、恐怖主义、革命、暴动、军事政变或篡夺政权，或内战；③承包商人员及承包商和分包商的其他雇员以外的人员在工程所在国内的暴乱、骚动或混乱；④工程所在国内的战争军火、爆炸物资、电离辐射或放射性引起的污染，但可能由承包商使用此类军火、炸药、辐射或放射性引起的除外；⑤由音速或超音速飞行的飞机或飞行装置所产生的压力波；⑥除合同规定以外业主使用或占有的永久工程的任何部分；⑦由业主人员或业主对其负责的其他人员所做的工程任何部分的设计；⑧不可预见的或不能合理预期一个有经验的承包商已采取适宜预防措施的任何自然力的作用。

（2）业主风险的后果

如果上述业主风险列举的任何风险达到对工程、货物，或承包商文件造成损失或损害的程度，承包商应立即通知工程师，并应按照工程师的要求，修正此类损失或损害。

如果因修正此类损失或损害使承包商遭受延误和（或）招致增加费用，承包商应进一步通知工程师，并根据《承包商的索赔》的规定，有权要求：①根据《竣工时间的延长》的规定，如果竣工已经或将受到延误，对任何此类延误给予延长期；②任何此类成本应计入合同价格，给予支付。如有业主的风险的⑥和⑦项的情况，还应包括合理的利润。

10. 不可抗力

（1）不可抗力的定义

不可抗力是指合同双方在合同履行中出现的不能预见、不能避免并不能克服的客观情况。不可抗力的范围一般包括因战争、敌对行动（无论是否宣战）、入侵、外敌行为、军事政变、骚动、暴动、空中飞行物坠落或其他非合同双方当事人责任或原因造成的罢工、停工、爆炸、火灾等，以及当地气象、地震、卫生等部门规定的情形。双方当事人应当在合同专用条款中明确约定不可抗力的范围以及具体的判断标准。

（2）不可抗力造成损失的承担

①费用损失的承担原则。因不可抗力事件导致的人员伤亡、财产损失及其费用增加，发承包双方应按以下原则分别承担并调整合同价款和工期：合同工程本身的损害、因工程损害导致第三方人员伤亡和财产损失以及运至施工场地用于施工的材料和待安装的设备的损害，由发包人承担；发包人、承包人人员伤亡由其所在单位负责，并承担相应费用；承包人的施工机械设备损坏及停工损失，由承包人承担；停工期间，承包人应发包人要求留在施工场地的必要的管理人员及保卫人员的费用由发包人承担；工程所须清理、修复费用，由发包人承担。②工期的处理。因发生不可抗力事件导致工期延误的，工期相应顺延。发包人要求赶工的，承包人应采取赶工措施，赶工费用由发包人承担。

（二）业主向承包商的索赔

由于承包商不履行或不完全履行约定的义务，或者由于承包商的行为使业主受到损失时，业主可向承包商提出索赔。

1. 工期延误索赔

在工程项目的施工过程中，基于多方面的原因，往往使竣工日期拖后，影响到业主对该工程的利用，给业主带来经济损失，按惯例，业主有权对承包商进行索赔，即由承包商支付误期损害赔偿费。承包商支付误期损害赔偿费的前提是：这一工期延误的责任属于承包商方面。施工合同中的误期损害赔偿费，通常是由业主在招标文件中确定的。业主在确定误期损害赔偿费的费率时，一般要考虑以下因素：①业主盈利损失；②由于工程拖期而引起的贷款利息增加；③工程拖期带来的附加管理费；④由于工程拖期不能使用，继续租用原建筑物或租用其他建筑物的租赁费。

至于误期损害赔偿费的计算方法，在每个合同文件中均有具体规定。一般按每延误一天赔偿一定的款额计算，累计赔偿额一般不超过合同总额的5%~10%。

2. 质量不满足合同要求索赔

当承包商的施工质量不符合合同的要求，或使用的设备和材料不符合合同规定，或在缺陷责任期未满以前未完成应该负责修补的工程时，业主有权向承包商追究责任，要求补偿所受的经济损失。如果承包商在规定的期限内未完成缺陷修补工作，业主有权雇用他人来完成工作，发生的成本和利润由承包商负担。如果承包商自费修复，则业主可索赔重新检验费。

3. 承包商不履行的保险费用索赔

如果承包商未能按照合同条款指定的项目投保，并保证保险有效，业主可以投保并保证保险有效，业主所支付的必要的保险费可在应付给承包商的款项中扣回。

4. 对超额利润的索赔

如果工程量增加很多，使承包商预期的收入增大，因工程量增加承包商并不增加任何固定成本，合同价应由双方讨论调整，收回部分超额利润。

由于法规的变化导致承包商在工程实施中降低了成本，产生了超额利润，应重新调整合同价格，收回部分超额利润。

5. 对指定分包商的付款索赔

在承包商未能提供已向指定分包商付款的合理证明时，业主可以直接按照造价管理者的证明书，将承包商未付给指定分包商的所有款项（扣除保留金）付给这个分包商，并从应付给承包商的任何款项中如数扣回。

6. 业主合理终止合同或承包商不正当地放弃工程的索赔

如果业主合理地终止承包商的承包，或者承包商不合理放弃工程，则业主有权从承包商手中收回由新的承包商完成工程所需的工程款与原合同未付部分的差额。

二、索赔的依据和前提条件

（一）索赔的依据

提出索赔和处理索赔都要依据下列文件或凭证：①工程施工合同文件。工程施工合同是工程索赔中最关键和最主要的依据，工程施工期间，发承包双方关于工程的洽商、变更等书面协议或文件，也是索赔的重要依据。②国家法律、法规。国家制定的相关法律、行政法规，是工程索赔的法律依据。工程项目所在地的地方性法规或地方政府规章，也可以作为工程索赔的依据，但应当在施工合同专用条款中约定为工程合同的适用法律。③国家、部门和地方有关的标准、规范和定额。对于工程建设的强制性标准，是合同双方必须严格执行的；对于非强制性标准，必须在合同中有明确规定的情况下，才能作为索赔的依据。④工程施工合同履行过程中与索赔事件有关的各种凭证。这是承包人因索赔事件所遭受费用或工期损失的事实依据，它反映了工程的计划情况和实际情况。

（二）索赔成立的条件

承包人工程索赔成立的基本条件包括：①索赔事件已造成了承包人直接经济损失或工期延误；②造成费用增加或工期延误的索赔事件是非承包人的原因发生的；③承包人已经按照工程施工合同规定的期限和程序提交了索赔意向通知、索赔报告及相关证明材料。

三、索赔费用的计算

（一）索赔费用的组成

对于不同原因引起的索赔，承包人可索赔的具体费用内容是不完全一样的。但归纳起来，索赔费用的要素与工程造价的构成基本类似，一般可归结为人工费、材料费、施工机具使用费、分包费、施工管理费、利息、利润、保险费等。

1. 人工费

人工费包括施工人员的基本工资、工资性质的津贴、加班费、奖金以及法定的安全福利等费用。对于索赔费用中的人工费部分而言，人工费是指完成合同之外的额外工作所花费的人工费用；由于非承包商责任的工效降低所增加的人工费用；超过法定工作时间加班劳动；法定人工费增长以及非承包商责任工程延误导致的人员窝工费和工资上涨费等。在计算停工损失中人工费时，通常采取人工单价乘以折算系数计算。

2. 材料费

材料费的索赔包括：由于索赔事件的发生造成材料实际用量超过计划用量而增加的材料费；由于发包人原因导致工程延期期间的材料价格上涨和超期储存费用。材料费中应包括运输费、仓储费以及合理的损耗费用。如果由于承包商管理不善，造成材料损坏失效，则不能列入索赔款项内。

3. 施工机械使用费

施工机械使用费的索赔包括：①由于完成额外工作增加的机械使用费；②非承包商责

任工效降低增加的机械使用费；③由于业主或造价管理者原因导致机械停工的窝工费。窝工费的计算，如系租赁设备，一般按实际租金和调进调出费的分摊计算；如系承包商自有设备，一般按台班折旧费计算，而不能按台班费计算，因台班费中包括了设备使用费。

4. 现场管理费

现场管理费的索赔包括承包人完成合同之外的额外工作以及由于发包人原因导致工期延期期间的现场管理费，包括管理人员工资、办公费、通信费、交通费等。

现场管理费索赔金额的计算公式为：

现场管理费索赔金额=索赔的直接成本费用×现场管理费率

其中，现场管理费率的确定可以选用下面的方法：①合同百分比法，即管理费比率在合同中规定；②行业平均水平法，即采用公开认可的行业标准费率；③原始估价法，即采用投标报价时确定的费率；④历史数据法，即采用以往相似工程的管理费率。

5. 总部（企业）管理费

总部管理费的索赔主要指的是由于发包人原因导致工程延期期间所增加的承包人向公司总部提交的管理费，包括总部职工工资、办公大楼折旧、办公用品、财务管理、通信设施以及总部领导人员赴工地检查指导工作等开支。总部管理费索赔金额的计算，目前还没有统一的方法。通常可采用以下几种方法：

（1）按总部管理费的比率计算：

总部管理费索赔金额=（人材机费索赔金额+现场管理费索赔金额）×总部管理费比率（%）

其中，总部管理费的比率可以按照投标书中的总部管理费比率计算（一般为3%~8%），也可以按照承包人公司总部统一规定的管理费比率计算。

（2）按已获补偿的工程延期天数为基础计算

该公式是在承包人已经获得工程延期索赔的批准后，进一步获得总部管理费索赔的计算方法。计算步骤如下：

①计算被延期工程应当分摊的总部管理费：

$$\text{延期工程应分摊的总部管理费}=\text{同期公司计划总部管理费}\times\frac{\text{延期工程合同价格}}{\text{同期公司所有工程合同总价}}$$

②计算被延期工程的日平均总部管理费：

$$\text{延期工程的日均总部管理费}=\frac{\text{延期工程应分摊的总部管理费用}}{\text{延期工程计划工期}}$$

③计算索赔的总部管理费：

索赔的总部管理费=延期工程的日平均总部管理费×工程延期的天数

6. 保险费

由于发包人原因导致工程延期时，承包人必须办理工程保险、施工人员意外伤害保险等各项保险的延期手续，对于由此而增加的费用，承包人可以提出索赔。

7. 保函手续费

由于发包人原因导致工程延期时，承包人必须办理相关履约保函的延期手续，对于由此而增加的手续费，承包人可以提出索赔。

8. 利息

在索赔款额的计算中，经常包括利息。利息的索赔通常发生于下列情况：①拖期付款的利息；②由于工程变更和工程延期增加投资的利息；③索赔款的利息；④错误扣款的利息。

至于这些利息的具体利率应是多少，在实践中可采用不同的标准，主要有这样几种：①按当时的银行贷款利率；②按当时的银行透支利率；③按合同双方协议的利率；④按中央银行贴现率加 3 个百分点。

9. 利润

一般来说，由于工程范围的变更、文件有缺陷或技术性错误、业主未能提供现场等引起的索赔，承包商可以列入利润。但对于工程暂停的索赔，由于利润通常是包括在每项实施的工程内容的价格之内的，而延误工期并未影响削减某些项目的实施，而导致利润减少，所以，一般造价管理者很难同意在工程暂停的费用索赔中加进利润损失。

索赔利润的款额计算通常是与原报价单中的利润百分率保持一致，即在成本的基础上，增加原报价单中的利润率，作为该项索赔款的利润。

10. 分包费用

由于发包人的原因导致分包工程费用增加时，分包人只能向总承包人提出索赔，但分包人的索赔款项应当列入总承包人对发包人的索赔款项中。分包费用索赔指的是分包人的索赔费用，一般也包括与上述费用类似的内容索赔。

（二）索赔费用的计算方法

索赔费用的计算应以赔偿实际损失为原则，包括直接损失和间接损失。索赔费用的计算方法通常有三种，即实际费用法、总费用法和修正的总费用法。

1. 实际费用法

实际费用法又称分项法，即根据索赔事件所造成的损失或成本增加，按费用项目逐项进行分析、计算索赔金额的方法。这种方法比较复杂，但能客观地反映施工单位的实际损失，比较合理，易于被当事人接受，在国际工程中被广泛采用。由于索赔费用组成的多样化，不同原因引起的索赔，承包人可索赔的具体费用内容有所不同，必须具体问题具体分析。由于实际费用法所依据的是实际发生的成本记录或单据，所以，在施工过程中，系统而准确地积累记录资料是非常重要的。

2. 总费用法

总费用法，也被称为总成本法，就是当发生多次索赔事件后，重新计算工程的实际总费用，再从该实际总费用中减去投标报价时的估算总费用，即为索赔金额。总费用法计算索赔金额的公式如下：

索赔金额=实际总费用-投标报价估算总费用

但是，在总费用法的计算方法中，没有考虑实际总费用中可能包括由于承包商的原因（如施工组织不善）而增加的费用，投标报价估算总费用也可能由于承包人为谋取中标而导致过低的报价，因此，总费用法并不十分科学。只有在难以精确地确定某些索赔事件导致的各项费用增加额时，总费用法才得以采用。

3. 修正的总费用法

修正的总费用法是对总费用法的改进，即在总费用计算的原则上，去掉一些不合理的因素，使其更为合理。修正的内容如下：①将计算索赔款的时段局限于受到索赔事件影响的时间，而不是整个施工期；②只计算受到索赔事件影响时段内的某项工作所受影响的损失，而不是计算该时段内所有施工工作所受的损失；③与该项工作无关的费用不列入总费用中；④对投标报价费用重新进行核算，即按受影响时段内该项工作的实际单价进行核算，乘以实际完成的该项工作的工程量，得出调整后的报价费用。按修正后的总费用计算索赔金额的公式如下：

索赔金额=某项工作调整后的实际总费用-该项工作的报价费用

修正的总费用法与总费用法相比，有了实质性的改进，它的准确程度已接近于实际费用法。

四、索赔工期的计算

工期索赔，一般是指承包人依据合同对由于非自身原因导致的工期延误向发包人提出的工期顺延要求。

（一）工期索赔中应当注意的问题

在工期索赔中特别应当注意以下问题：

1. 划清施工进度拖延的责任

由于承包人的原因造成施工进度滞后，属于不可原谅的延期；只有承包人不应承担任何责任的延误，才是可原谅的延期。有时工程延期的原因中可能包含有双方责任，此时监理人应进行详细分析，分清责任比例，只有可原谅延期部分才能批准顺延合同工期。可原谅延期，又可细分为可原谅并给予补偿费用的延期和可原谅但不给予补偿费用的延期；后者是指非承包人责任的影响并未导致施工成本的额外支出，大多属于发包人应承担风险责任事件的影响，如异常恶劣的气候条件影响的停工等。

2. 被延误的工作应是处于施工进度计划关键线路上的施工内容

只有位于关键线路上工作内容的滞后，才会影响到竣工日期。但有时也应注意，既要看被延误的工作是否在批准进度计划的关键路线上，又要详细分析这一延误对后续工作的可能影响。因为若对非关键路线工作的影响时间较长，超过了该工作可用于自由支配的时间，也会导致进度计划中非关键路线转化为关键路线，其滞后将影响总工期的拖延。此时，应充分考虑该工作的自由时间，给予相应的工期顺延，并要求承包人修改施工进度计划。

（二）工期索赔的具体依据

承包人向发包人提出工期索赔的具体依据主要包括：①合同约定或双方认可的施工总进度规划；②合同双方认可的详细进度计划；③合同双方认可的对工期的修改文件；④施工日志、气象资料；⑤业主或工程师的变更指令；⑥影响工期的干扰事件；⑦受干扰后的实际工程进度等。

（三）工期索赔的计算方法

1. 直接法

如果某干扰事件直接发生在关键线路上，造成总工期的延误，可以直接将该干扰事件的实际干扰时间（延误时间）作为工期索赔值。

2. 比例计算法

如果某干扰事件仅仅影响某单项工程、单位工程或分部分项工程的工期，要分析其对总工期的影响，可以采用比例计算法。

比例计算法虽然简单方便，但有时不符合实际情况，而且比例计算法不适用于变更施工顺序、加速施工、删减工程量等事件的索赔。

3. 网络图分析法

网络图分析法是利用进度计划的网络图，分析其关键线路。如果延误的工作为关键工作，则延误的时间为索赔的工期；如果延误的工作为非关键工作，当该工作由于延误超过时差而成为关键工作时，可以索赔延误时间与时差的差值；若该工作延误后仍为非关键工作，则不存在工期索赔问题。

该方法通过分析干扰事件发生前和发生后网络计划的计算工期之差来计算工期索赔值，可以用于各种干扰事件和多种干扰事件共同作用所引起的工期索赔。

4. 共同延误的处理

在实际施工过程中，工期拖期很少是只由一方造成的，往往是两三种原因同时发生（或相互作用）而形成的，故称为“共同延误”。在这种情况下，要具体分析哪一种情况延误是有效的，应依据以下原则：①首先判断造成拖期的哪一种原因是最先发生的，即确定“初始延误”者，它应对工程拖期负责。在初始延误发生作用期间，其他并发的延误者不承担拖期责任。②如果初始延误者是发包人原因，则在发包人原因造成的延误期内，承包人既可得到工期延长，又可得到经济补偿。③如果初始延误者是客观原因，则在客观因素发生影响的延误期内，承包人可以得到工期延长，但很难得到费用补偿。④如果初始延误者是承包人原因，则在承包人原因造成的延误期内，承包人既不能得到工期补偿，也不能得到费用补偿。

第五节　工程结算

一、工程价款的结算

（一）工程价款的主要结算方式

按现行规定，工程价款支付是通过“阶段小结、最终结清”来体现的，常见的工程价款结算方式有：①按月结算：先预付工程备料款，在施工过程中按月结算工程进度款，竣工后进行竣工结算。我国现行建筑安装工程价款结算中，相当一部分是实行这种按月结算方式。②竣工后一次结算：建设项目或单项工程全部建筑安装工程建设期在12个月以内，或者工程承包合同价值在100万元以下的，可以实行工程价款每月月中预支，竣工后一次结算。③分段结算：当年开工，当年不能竣工的单项工程或单位工程按照工程形象进度，划分不同阶段进行结算。分段结算可以按月预支工程款。实行竣工后一次结算和分段结算的工程，当年结算的工程款应与分年度的工作量一致，年终不另清算。④结算双方约定的其他结算方式。⑤目标结算。

（二）工程预付款

工程预付款是建设工程施工合同订立后由发包人按照合同约定，在正式开工前预先支付给承包人的工程款。它是施工准备和所需要材料、结构件等流动资金的主要来源，国内习惯上又称为预付备料款。预付工程款的具体事宜由发承包双方根据建设行政主管部门的规定，结合工程款、建设工期和包工包料情况在合同中约定。《建设工程施工合同》中，对有关工程预付款做了如下约定："实行工程预付款的，双方应当在专用条款内约定发包人向承包人预付工程款的时间和数额，开工后按约定的时间和比例逐次扣回。预付时间应不迟于约定的开工日期前 7 天。发包人不按约定预付，承包人在约定预付时间 7 天后向发包人发出要求预付的通知，发包人收到通知后仍不能按要求预付，承包人可在发出通知后 7 天停止施工，发包人应从约定应付之日起向承包人支付应付款的贷款利息，并承担违约责任。"

工程预付款额度，各地区、各部门的规定不完全相同，主要是保证施工所需材料和构件的正常储备。一般是根据施工工期、建安工作量、主要材料和构件费用占建安工作量的比例以及材料储备周期等因素经测算来确定。

1. 在合同条件中约定

发包人根据工程的特点、工期长短、市场行情、供求规律等因素，招标时在合同条件中约定工程预付款的百分比。

2. 公式计算法

公式计算法是根据主要材料（含结构件等）占年度承包工程总价的比重、材料储备定额天数和年度施工天数等因素，通过公式计算预付备料款额度的一种方法。

其计算公式是：

$$\text{工程预付款数额}=\frac{\text{工程总价}\times\text{材料比重}(\%)}{\text{年度施工天数}}\times\text{材料储备定额天数}$$

$$\text{工程预付款比率}=\frac{\text{工程预付款数额}}{\text{工程总价}}\times 100\%$$

式中：年度施工天数按 365 天日历天计算；材料储备定额天数由当地材料供应的在途天数、加工天数、整理天数、供应间隔天数、保险天数等因素决定。

（三）工程预付款的扣回

发包人支付给承包人的工程预付款其性质是预支。随着工程进度的推进，拨付的工程进度款数额不断增加，工程所需主要材料、构件的用量逐渐减少，原已支付的预付款应以抵扣的方式予以陆续扣回。扣款的方法有：①由发包人和承包人通过洽商用合同的形式予以确定，采用等比率或等额扣款的方式。也可针对工程实际情况具体处理，如有些工程工期较短、造价较低，就无须分期扣还；有些工期较长，如跨年度工程，其备料款的占用时间很长；根据需要可以少扣或不扣。②从未施工工程尚需的主要材料及构件的价值相当于工程预付款数额时扣起，从每次中间结算工程价款中，按材料及构件比重扣抵工程价款，至竣工之前全部扣清。因此确定起扣点是工程预付款起扣的关键。

确定工程预付款起扣点的依据是：未完施工工程所需主要材料和构件的费用，等于工程预付款的数额。

（四）预付款担保

预付款担保是指承包人与发包人签订合同后领取预付款前，承包人正确、合理使用发包人支付的预付款而提供的担保。其主要作用是保证承包人按合同规定的目的使用并及时偿还发包人已支付的全部预付款金额。如果承包人中途毁约、中止工程，使发包人不能在规定期限内从应付工程款中扣除全部预付款，则发包人有权从该项担保金额中获得补偿。

预付款担保的主要形式是银行保函。预付款担保的担保金额一般与发包人的预付款是等值的。预付款一般逐月从工程进度款中扣除，预付款担保的担保金额也相应逐月减少。预付款担保也可采用发承包方约定的其他形式，如有担保公司提供的担保，或采取抵押担保等形式。

（五）工程进度款

1. 工程进度款的计算

《建设工程施工合同（示范文本）》关于工程款的支付也做出了相应的约定：“在确认计量结果后 14 天内，发包人应向承包人支付工程款（进度款）。”“发包人超过约定的支付时间不支付工程款（进度款），承包人可向发包人发出要求付款的通知，发包人接到承包人通知后仍不能按要求付款，可与承包人协商签订延期付款协议，经承包人同意后可延期支付。协议应明确延期支付的时间和从计量结果确认后第 15 天起计算应付款的贷款利息。”“发包人不按合同约定支付工程款（进度款），双方又未达成延期付款协议，导致施工无法进行，承包人可停止施工，由发包人承担违约责任。”工程进度款的计算，主要涉及两个方面：一是工程量的计量；二是单价的计算方法。

单价的计算方法，主要根据由发包人和承包人事先约定的工程价格的计价方法决定。目前我国一般来讲，工程价格的计价方法可以分为工料单价和综合单价两种方法。所谓工料单价法是指单位工程分部分项的单价为直接成本单价，按现行计价定额的人工、材料、机械的消耗量及其预算价格确定，其他直接成本、间接成本、利润、税金等按现行计算方法计算。所谓综合单价法是指单位工程、分部分项工程量的单价是全部费用单价，既包括直接成本，也包括间接成本、利润、税金等一切费用。二者在选择时，既可采取可调价格的方式，即工程价格在实施期间可随价格变化而调整，也可采取固定价格的方式，即工程价格在实施期间不因价格变化而调整，在工程价格中已考虑价格风险因素并在合同中明确了固定价格所包括的内容和范围。实践中采用较多的是可调工料单价法和固定综合单价法。

（1）可调工料单价法的表现形式

工料单价法是以分部分项工程量乘以单价后的合计为直接工程费，直接工程费以人工、材料、机械的消耗量及其相应价格确定。直接工程费汇总后另加间接费、利润、税金生成工程发承包价。

（2）固定综合单价法的表现形式

综合单价法是分部分项工程单价为全费用单价，全费用单价经综合计算后生成，其内容包括直接工程费、间接费、利润和税金（措施费也可按此方法生成全费用价格）。

各分项工程量乘以综合单价的合价汇总后，生成工程发承包价。

（3）工程价格的计价方法

可调工料单价法和固定综合单价法在分项编号、项目名称、计量单位、工程量计算方面是一致的，都可按照国家或地区的单位工程分部分项进行划分、排列，包含了统一的工作内容，使用统一的计量单位和工程量计算规则。所不同的是，可调工料单价法将工、料、机再配上预算价作为直接成本单价，其他直接成本、间接成本、利润、税金分别计算；因为价格是可调的，其材料等费用在竣工结算时按工程造价管理机构公布的竣工调价系数或按主材计算差价或主材用抽料法计算，次要材料按系数计算差价而进行调整；固定综合单价法是包含了风险费用在内的全费用单价，故不受时间价值的影响。由于两种计价方法不同，工程进度款的计算方法也不同。

（4）工程进度款的计算

当采用可调工料单价法计算工程进度款时，在确定已完工程量后，可按以下步骤计算工程进度款：①根据已完工程量的项目名称、分项编号、单价得出合价；②将本月所完工全部项目合价相加，得出直接费小计；③按规定计算其他直接费、现场经费、间接费、利润；④按规定计算主材差价或差价系数；⑤按规定计算税金；⑥累计本月应收工程进度款。

用固定综合单价法计算工程进度款比用可调工料单价法更方便、省事，工程量得到确认后，只要将工程量与综合单价相乘得出合价，再累加即可完成本月工程进度款的计算工作。

2. 工程进度款的支付

工程进度款的支付，一般按当月实际完成工程量进行结算，工程竣工后办理竣工结算。在工程竣工前，承包人收取的工程预付款和进度款的总额一般不超过合同总额（包括工程合同签订后经发包人签证认可的增减工程款）的 90%，不低于 60%。

（六）竣工结算

竣工结算是指一个单位工程或单项工程完工后，经业主及工程质量监督部门验收合格，在交付使用前由施工单位根据合同价格和实际发生的增加或减少费用的变化等情况进行编制，并经业主或其委托方签认的，以表达该工程最终造价为主要内容，作为结算工程价款依据的经济文件。工程竣工结算分为单位工程竣工结算、单项工程竣工结算和建设项目竣工结算，其中单位工程竣工结算、单项工程竣工结算也是分阶段结算。

1. 竣工结算的编制依据

①国家有关法律法规、规章制度和相关的司法解释；②工程造假的计价标准、方法、有关规定和相关解释；③《建设工程工程量清单计价规范》（GB 50500—2013）；④施工合同、专业分包合同及补充协议、有关材料、设备合同；⑤招投标文件；⑥工程竣工图或施工图、施工图会审记录，经批准的施工组织设计、设计变更、工程洽商和相关会议纪要；⑦经批准的开竣工报告或停工、复工报告；⑧实施过程中已确认的工程量及其结算的合同价款；⑨实施过程中已确认调整后的追加（减）的合同价款；⑩其他依据。

2. 竣工结算的计价原则

①分部分项工程和措施项目的单价费按双方确认的工程量和已标工程量清单综合单价计算；如发生调整，以发承包双方确认后调整的综合单价计入。②措施项目中的总价根据合同约定确定金额和项目计入；若发生调整，以发承包双方确认调整的金额及项目计入，其中安全文明施工费必须按国家或省级、行业建设主管部门的规定计算。③其他项目按实际发生确认。④规费中的工程排污费按工程所在地环保部门规定标准按实列入。⑤实施中已确认的工程计量结果和合同价款直接计入结算。

3. 竣工结算的程序

（1）承包人提交竣工结算

工程完工后，承包人应在发承包双方确认的合同工期中价款结算的基础上汇总编制完成竣工结算文件，并在提交竣工验收的同时向发包人提交竣工结算文件。承包人未在合同约定的时间内提交竣工结算资料，经发包人催告后 14 天内仍未提交或未有明确答复，发包人有权根据已有的资料编制竣工结算文件，作为办理竣工结算和支付结算款的依据，承包人应予以认可。

(2) 发包人核对竣工结算

发包人收到承包人递交的竣工结算报告结算资料后 28 天内进行核实，给予确认或者提出核实及修改意见。承包人在接到通知后 28 天内按照发包人提出的合理要求补充资料，修改竣工结算资料，并再次提交给发包人复核后批准。如果发包人、承包人对复核结果无异议，应在 7 天内在竣工结算文件上签字确认，竣工结算办理完毕。如果发包方、承包方对复核结果有异议，对无异议部分办理不完全竣工结算，对有异议部分双方协商解决，协商不成，按照合同约定的争议解决方式处理。

发包人收到竣工结算报告及结算资料后 28 天内，不核对竣工结算或未提出意见的，视为承包人提交的竣工结算文件已被发包人认可，竣工结算办理完毕。

承包人在接到发包人提出的核实意见后 28 天内，不确认也未提出异议的，视为发包人提出的核实意见已被承包人认可，竣工结算办理完毕。

发包人可以委托工程造价咨询机构核对竣工结算文件。

对发包人或发包人委托的工程造价咨询机构指派的专业人员与承包人指派的专业人员核对无异议并签名确认的竣工结算文件，除非发承包人能够提出具体、详细的不同意见，发承包人都应在竣工结算文件上签名认可。若发包人不签认，承包人可不提供竣工验收备案资料，有权拒绝重新核对竣工结算文件；若承包人不签认，承包人不得拒绝提供竣工验收备案资料，否则，造成的损失，要承担连带责任。工程竣工结算核对完成，发承包方签字确认后，禁止发包人又要求承包人与另一个或多个工程造价咨询人重复核对竣工结算。

(3) 竣工结算价款的支付

承包人根据办理的竣工结算文件，发包人提交竣工结算支付申请。发包人在收到承包人提交的竣工结算款申请 7 天内予以核实，向承包人签发竣工结算支付证书。发包人签发竣工结算支付证书后 14 天内，按照竣工结算支付证书列明的金额向承包人支付结算款。

发包人在收到承包人提交的竣工结算款申请 7 天内不予以核实，不向承包人签发竣工结算支付证书，视为承包人的竣工结算申请支付已被发包人认可。发包人应在收到承包人提交的竣工结算支付申请 7 天后的 14 天内，按照承包人提交的竣工结算支付申请列明的金额向承包人支付结算款。

发包人未按照规定程序支付工程竣工结算价款的，承包人可以催告发包人支付，并有权获得延迟支付的利息。发包人在收到竣工结算支付申请 7 天后的 56 天内仍不支付的，承包人可以与发包人协议将该工程折价，也可以由承包人申请法院将该工程依法拍卖，承包人就该工程折价或者拍卖的价款优先受偿。

4. 最终结清

最终结清是指合同约定的缺陷责任期终止后，承包人已按合同规定完成全部剩余工作且质量合格，发包人与承包人结清全部剩余款项的活动。

（1）最终结算申请单

缺陷责任期终止后，承包人已按合同规定完成全部剩余工作且质量合格，发包人签发缺陷责任终止证书，承包人按合同约定的份数和期限向发包人提交最终结清申请单，并提供相关的证明材料，详细说明承包人按合同规定已完成的全部工程价款金额以及承包人认为根据合同规定应进一步支付给他的其他款项。发包人对最终结清申请单内容有异议的，有权要求承包人进行修正和提供补充资料，由承包人向发包人提交修正后的最终结清申请单。

（2）最终支付证书

发包人收到承包人提交的最终结清申请单的 14 天内予以核实，向承包人签发最终支付证书。发包人未在约定时间核实，未提出具体意见的，视为承包人提交的最终结清申请单已被发包人认可。

（3）最终结清付款

发包人应在签发最终支付证书后的 14 天内，按照最终结清支付证书列明的金额向承包人支付最终结清款。最终结清付款后，承包人在合同内享有的索赔权利也自行终止。发包人未按期支付的，承包人可以催告发包人在合理的期限内支付，并有权获得延迟支付的利息。

承包人对发包人最终结清款有异议的，按照合同约定的争议解决方式处理。

二、工程价款的动态结算

工程价款的动态结算就是要把各种动态因素渗透到结算过程中，使结算大体能反映实际的消耗费用。下面介绍几种常用的动态结算办法：

（一）按实际价格结算法

在我国，由于建筑材料须市场采购的范围越来越大，有些地区规定对钢材、木材、水泥三大材的价格采取按实际价格结算的办法。工程承包商可凭发票按实报销。这种方法方便。但由于是实报实销，因而承包商对降低成本不感兴趣，为了避免副作用，造价管理部门要定期公布最高结算限价，同时合同文件中应规定建设单位或造价管理者有权要求承包商选择更廉价的供应来源。

（二）按主材计算价差

发包人在招标文件中列出需要调整价差的主要材料表及其基期价格（一般采用当时当地工程价格管理机构公布的信息价或结算价），工程竣工结算时按竣工当时当地工程价格管理机构公布的材料信息价或结算价，与招标文件中列出的基期价比较计算材料差价。

（三）主料按抽料计算价差

其他材料按系数计算价差。主要材料按施工图预算计算的用量和竣工当月当地工程价格管理机构公布的材料结算价或信息价与基价对比计算差价。其他材料按当地工程价格管理机构公布的竣工调价系数计算方法计算差价。

（四）竣工调价系数法

按工程价格管理机构公布的竣工调价系数及调价计算方法计算差价。

（五）调值公式法（又称动态结算公式法）

根据国际惯例，对建设工程已完成投资费用的结算，一般采用此法。事实上，绝大多数情况是发包方和承包方在签订的合同中就明确规定了调值公式。

1. 利用调值公式进行价格调整的工作程序及造价管理者应做的工作价格调整的计算工作比较复杂

其程序是：首先，确定计算物价指数的品种。一般地说，品种不宜太多，只确立那些对项目投资影响较大的因素，如设备、水泥、钢材、木材和工资等。这样便于计算。其次，要明确以下两个问题：一是合同价格条款中，应写明经双方商定的调整因素，在签订合同时要写明考核几种物价波动到何种程度才进行调整。一般都在正负 10%左右。二是考核的地点和时点：地点一般在工程所在地，或指定的某地市场价格；时点指的是某月某日的市场价格。三是确定各成本要素的系数和固定系数，各成本要素的系数要根据各成本要素对总造价的影响程度而定。各成本要素系数之和加上固定系数应该等于 1。

在实行国际招标的大型合同中，造价管理者应负责按下述步骤编制价格调值公式：①分析施工中必需的投入，并决定选用一个公式，还是选用几个公式；②估计各项投入占工程总成本的相对比重，以及国内投入和国外投入的分配，并决定对国内成本与国外成本是否分别采用单独的公式；③选择能代表主要投入的物价指数；④确定合同价中固定部分和不同投入因素的物价指数的变化范围；⑤规定公式的应用范围和用法；⑥如有必要，规定外汇汇率的调整。

2. 建筑安装工程费用的价格调值公式

建筑安装工程费用价格调值公式与货物及设备的调值公式基本相同。它包括固定部分、材料部分和人工部分三项。但因建筑安装工程的规模和复杂性增大，公式也变得更长更复杂。典型的材料成本要素有钢筋、水泥、木材、钢构件、沥青制品等，同样，人工可包括普通工和技术工。

各部分成本的比重系数在许多标书中要求承包方在投标时即提出，并在价格分析中予以论证。但也有的是由发包方在标书中即规定一个允许范围，由投标人在此范围内选定。因此，造价管理者在编制标书中，尽可能要确定合同价中固定部分和不同投入因素的比重系数和范围，招标时以给投标人留下选择的余地。

三、FIDIC 合同条件下工程费用的支付

（一）工程支付的范围和条件

1. 工程支付的范围

FIDIC 合同条件所规定的工程支付的范围主要包括两部分：一部分费用是工程量清单中的费用，这部分费用是承包商在投标时，根据合同条件的有关规定提出的报价，并经业主认可的费用；另一部分费用是工程量清单以外的费用，这部分费用虽然在工程量清单中没有规定，但是在合同条件中却有明确的规定。因此，它也是工程支付的一部分。

2. 工程支付的条件

（1）质量合格是工程支付的必要条件

支付以工程计量为基础，计量必须以质量合格为前提。所以，并不是对承包商已完的工程全部支付，而只支付其中质量合格的部分，对于工程质量不合格的部分一律不予支付。

（2）符合合同条件

一切支付均需要符合合同约定的要求，例如：动员预付款的支付款额要符合标书附录中规定的数量，支付的条件应符合合同条件的规定，即承包商提供履约保函和动员预付款保函之后才予以支付动员预付款。

（3）变更项目必须有工程师的变更通知

没有工程师的指示承包商不得做任何变更。如果承包商没有收到指示就进行变更的话，其无理由就此类变更的费用要求补偿。

（4）支付金额必须大于期中支付证书规定的最小限额

合同条件约定，如果在扣除保留金和其他金额之后的净额少于投标书附录中规定的期中支付证书的最小限额时，工程师没有义务开具任何支付证书。不予支付的金额将按月结转，直到达到或超过最低限额时才予以支付。

（5）承包商的工作使工程师满意

为了确保工程师在工程管理中的核心地位，并通过经济手段约束承包商履行合同中规定的各项责任和义务，合同条件充分赋予了工程师有关支付方面的权力。对于承包商申请支付的项目，即使达到以上所述的支付条件，但承包商其他方面的工作未能使工程师满意，工程师可通过任何期中支付证书对他所签发过的任何原有的证书进行任何修正或更改，也有权在任何期中支付证书中删去或减少该工作的价值。

（二）工程支付的项目

1. 工程量清单项目

工程量清单项目分为一般项目、暂列金额和计日工作三种。

（1）一般项目的支付

一般项目是指工程量清单中除暂列金额和计日工作以外的全部项目。这类项目的支付是以经过造价管理者计量的工程数量为依据，乘以工程量清单中的单价，其单价一般是不变的。这类项目的支付占了工程费用的绝大部分，工程师应给予足够的重视。但这类支付的程序比较简单，一般通过签发期中支付证书支付进度款。

（2）暂列金额

“暂列金额”是指包括在合同中，供工程任何部分的施工，或提供货物、材料、设备或服务，或提供不可预料事件之费用的一项金额。这项金额按照工程师的指示可能全部或部分使用，或根本不予动用。没有工程师的指示，承包商不能进行暂列金额项目的任何工作。

承包商按照工程师的指示完成的暂列金额项目的费用若能按工程量表中开列的费率和价格估价则按此估价，否则承包商应向工程师出示与暂列金额开支有关的所有报价单、发票、凭证、账单或收据。工程师根据上述资料，按照合同的约定，确定支付金额。

（3）计日工作

计日工作是指承包商在工程量清单的附件中，按工种或设备填报单价的日工劳务费和机械台班费，一般用于工程量清单中没有合适项目，且不能安排大批量的流水施工的零星附加工作。只有当工程师根据施工进展的实际情况，指示承包商实施以日工计价的工作时，承包商才有权获得用日工计价的付款。使用计日工费用的计算一般采用下述方法：①

按合同中包括的计日工作计划表中所定项目和承包商在其投标书中所确定的费率和价格计算。②对于清单中没有定价的项目，应按实际发生的费用加上合同中规定的费率计算有关的费用。承包商应向工程师提供可能需要的证实所付款额的收据或其他凭证，并且在订购材料之前，向工程师提交订货报价单供其批准。

对这类按计日工作制实施的工程，承包商应在该工程持续进行过程中，每天向工程师提交从事该工作的承包人员的姓名、职业和工时的确切清单，一式两份，以及表明所有该项工程所用的承包商设备和临时工程的标志、型号、使用时间和所用的生产设备和材料的数量和型号。

应当说明，由于承包商在投标时，计日工作的报价不影响他的评标总价，所以，一般计日工作的报价较高。在工程施工过程中，造价管理者应尽量少用或不用计日工这种形式，因为大部分采用计日工作形式实施的工程，也可以采用工程变更的形式。

2. 工程量清单以外项目

（1）动员预付款

当承包商按照合同约定提交一份保函后，业主应支付一笔预付款，作为用于动员的无息贷款。预付款总额、分期预付的次数和时间安排（如次数多于一次）及使用的货币和比例，应遵照投标书附录中的规定。

工程师收到承包商期中付款证书申请规定的报表，以及业主收到：①按照履约担保要求提交的履约担保；②由业主批准的国家（或其他司法管辖区）的实体，以专用条款所附格式或业主批准的其他格式签发的，金额和货币种类与预付款一致的保函后，应发出期中付款证书，作为首次分期预付款。

在还清预付款前，承包商应确保此保函一直有效并可执行，但其总额可根据付款证书列明的承包商付还的金额逐渐减少。如果保函条款中规定了期满日期，而在期满日期前28天预付款未还清时，承包商应将保函有效期延至预付款还清为止。

预付款应通过付款证书中按百分比扣减的方式付还。除非投标书附录中规定其他百分比。扣减应从确认的期中付款（不包括预付款、扣减款和保留金的付还）累计额超过中标合同金额减去暂列金额后余额的百分之十时的付款证书开始；扣减应按每次付款证书中的金额（不包括预付款、扣减额和保留金的付还）的四分之一的摊还比率，并按预付款的货币和比例计算，直到预付款还清为止。

如果在颁发工程接收证书前，或按照由业主终止、由承包商暂停和终止，或不可抗力的规定终止前，预付款尚未还清，则全部余额应立即成为承包商对业主的到期付款。

（2）材料设备预付款

材料、设备预付款一般是指运至工地尚未用于工程的材料设备预付款。对承包商买进并运至工地的材料、设备，业主应支付无息预付款，预付款按材料设备的某一比例（通常为发票价的80%）支付。在支付材料设备预付款时，承包商须提交材料、设备供应合同或订货合同的影印件，要注明所供应材料的性质和金额等主要情况；材料已运到工地并经工程师认可其质量和储存方式。

材料、设备预付款按合同中的规定从承包商应得的工程款中分批扣除。扣除次数和各次扣除金额随工程性质不同而异，一般要求在合同规定的完工日期前至少3个月扣清，最好是当材料设备用完时，该材料设备的预付款扣还完毕。

（3）保留金

保留金是为了确保在施工阶段，或在缺陷责任期间，由于承包商未能履行合同义务，由业主（或工程师）指定他人完成应由承包商承担的工作所发生的费用。保留金的限额一般为合同总价的5%，从第一次付款证书开始，按投标函附录中标明的保留金百分率乘以当月末已实施的工程价值加上工程变更、法律改变和成本改变应增加的任何款额，直到累计扣留达到保留金的限额为止。

根据FIDIC施工合同条款规定，当已颁发工程接收证书时，工程师应确认将保留金的前一半支付给承包商。如果某分项工程或部分工程颁发了接收证书，保留金应按一定比例予以确认和支付。此比例应是该分项工程或部分工程估算的合同价值，除以估算的最终合同价格所得比例的五分之二（40%）。

在各缺陷通知期限的最末一个期满日期后，工程师应立即对付给承包商保留金未付的余额加以确认。如对某分项工程颁发了接收证书，保留金后一半的比例额在该分项工程的缺陷通知期限满日期后，应立即予以确认和支付。此比例应是该分项工程的估算合同价值，除以估算的最终合同价格所得比例的五分之二（40%）。

但如果在此时尚有任何工作要做，工程师应有权在这些工作完成前，暂不颁发这些工作估算费用的证书。

在计算上述的各百分比时，无须考虑法规改变和成本改变所进行的任何调整。

（4）工程变更的费用

工程变更也是工程支付中的一个重要项目。工程变更费用的支付依据是工程变更令和工程师对变更项目所确定的变更费用，支付时间和支付方式也是列入期中支付证书予以支付。

（5）索赔费用

索赔费用的支付依据是工程师批准的索赔审批书及其计算而得的款额；支付时间则随工程月进度款一并支付。

（6）价格调整费用

价格调整费用是按照合同条件规定的计算方法计算调整的款额，包括因法律改变和成本改变的调整。

（7）迟付款利息

如果承包商没有在按照合同规定的时间收到付款，承包商应有权就未付款额按月计算复利，收取延误期的融资费用。该延误期应认为从按照合同规定的支付日期算起，而不考虑颁发任何期中付款证书的日期。除非专用条件中另有规定，上述融资费用应以高出支付货币所在国中央银行的贴现率加 3 个百分点的年利率进行计算，并应用同种货币支付。

承包商应有权得到上述付款，无须正式通知或证明，且不损害他的任何其他权利或补偿。

（8）业主索赔

业主索赔主要包括拖延工期的误期损害赔偿费和缺陷工程损失等。这类费用可从承包商的保留金中扣除，也可从支付给承包商的款项中扣除。

（三）工程费用支付的程序

1. 承包商提出付款申请

工程费用支付的一般程序是首先由承包商提出付款申请，填报一系列工程师指定格式的月报表，说明承包商认为这个月应得的有关款项。

2. 工程师审核，编制期中付款证书

工程师在 28 天内对承包商提交的付款申请进行全面审核，修正或删除不合理的部分，计算付款净金额。计算付款净金额时，应扣除该月应扣除的保留金、动员预付款、材料设备预付款、违约金等。若净金额小于合同规定的期中支付的最小限额时，则工程师无须开具任何付款证书。

3. 业主支付

业主收到工程师签发的付款证书后，按合同规定的时间支付给承包商。

（四）工程支付的报表与证书

1. 月报表

月报表是指对每月完成的工程量的核算、结算和支付的报表。承包商应在每个月末后，按工程师批准的格式向工程师递交 1 式 6 份月报表，详细说明承包商自己认为有权得到的款额，以及包括按照进度报告的规定编制的相关进度报告在内的证明文件。该报表应包括下列项目：①截止到月末已实施的工程和已提出的承包商文件的估算合同价值（包括各项变更，但不包括以下②至⑦项所列项目）；②按照合同中因法律改变的调整和因成本改变的调整的有关规定，应增减的任何款额；③至业主提取的保留金额达到投标书附录中规定的保留金限额（如果有）以前，用投标书附录中规定的保留金百分比计算的，对上述款项总额应减少的任何保留金额，即保留金=（①+②）×保留金百分率；④按照合同中预付款的规定，因预付款的支付和返还，应增加和减少的任何款额；⑤按照合同中拟用于工程的生产设备和材料的规定，因生产设备和材料应增减的任何款额；⑥根据合同或包括索赔、争端与仲裁等其他规定，应付的任何其他增加或减少额；⑦所有以前付款证书中确认的减少额。

工程师应在收到上述月报表 28 天内向业主递交一份期中付款证书，并附详细说明。

但是在颁发工程接收证书前，工程师无须签发金额（扣减保留金和其他应扣款项后）低于投标书附录中期中付款证书的最低额（如果有）的期中付款证书。在此情况下，工程师应通知承包商。工程师可在任一次付款证书中，对以前任何付款证书做出应有的任何改正或修改。付款证书不应被视为工程师接收、批准、同意或满意的表示。

2. 竣工报表

承包商在收到工程的接收证书后 84 天内，应向工程师送交竣工报表（1 式 6 份），该报表应附有按工程师批准的格式所编写的证明文件，并应详细说明以下几点：①截止到工程接收证书载明的日期，按合同要求完成的所有工作的价值；②承包商认为应支付的任何其他款项，如所要求的索赔款等；③承包商认为根据合同规定将应付给他的任何其他款项的估计款额。估计款额在竣工报表中应单独列出。

工程师应根据对竣工工程量的核算，对承包商其他支付要求的审核，确定应支付而尚未支付的金额，上报业主批准支付。

3. 最终报表和结清单

承包商在收到履约证书后 56 天内，应向工程师提交按照工程师批准的格式编制的最终报表草案并附证明文件，1 式 6 份，详细列出：①根据合同应完成的所有工作的价值；②承包商认为根据合同或其他规定应支付给他的任何其他款额。

承包商和工程师之间达成一致意见后，则承包商可向工程师提交正式的最终报表，承包商同时向业主提交一份书面结清单，进一步证实最终报表中按照合同应支付给承包商的总金额。如承包商和工程师未能达成一致，则工程师可对最终报表草案中没有争议的部分向业主签发期中支付证书。争议留待裁决委员会裁决。

4. 最终付款证书

工程师在收到正式最终报表及结清单之后 28 天内，应向业主递交一份最终付款证书，说明：①工程师认为按照合同最终应支付给承包商的款额；②业主以前所有应支付和应得到的款额的收支差额。

如果承包商未申请最终付款证书，工程师应要求承包商提出申请。如果承包商未能在28天期限内提交此类申请，工程师应按其公正决定的应支付的此类款额颁发最终付款证书。

在最终付款证书送交业主56天内，业主应向承包商进行支付，否则应按投标书附录中的规定支付利息。如果56天期满之后再超过28天不支付，就构成业主违规。承包商递交最终付款证书后，就不能再要求任何索赔了。

5. 履约证书

履约证书应由工程师在整个工程的最后一个区段缺陷通知期限期满之后28天内颁发，这说明承包商已尽其义务完成施工和竣工并修补了其中的缺陷，达到了使工程师满意的程度。至此，承包商与合同有关的实际业务业已完成，但如业主或承包商任一方有未履行的合同义务时，合同仍然有效。履约证书发出后14天内业主应将履约保证退还给承包商。

第七章　建设项目竣工验收及后评价阶段工程造价管理

第一节　竣工验收

一、竣工验收的概念

建设项目的验收一般分为初步验收和竣工验收两个阶段，对于规模较大、较复杂的工程项目，先进行初步验收，然后进行全部建设工程项目的竣工验收，对于规模较小，较简单的工程项目，可以一次进行全部工程项目的竣工验收。

（一）初步验收

施工单位在单位工程交工前，应进行初步验收工作，单位工程竣工后，施工单位再按照国家规定，整理好文件、技术资料，向建设单位提出竣工报告，建设单位收到报告后，应及时组织施工、设计和使用等有关单位进行初步验收。

（二）竣工验收

整个建设项目全部完成后，经过各单位工程的验收，符合设计条件，并具备施工图、竣工决算、工程总结等必要性文件，由项目主管部门或建设单位组织验收。竣工验收是对建设成果和投资效果的总检验，凡新建、扩建、改建的基本建设项目和技术改造项目，按批准的设计文件所规定的内容建成，符合验收标准的，要及时组织竣工验收，办理固定资产移交手续。

二、竣工验收的条件和依据

（一）组织竣工验收的条件

竣工项目必须达到以下基本条件，才能组织竣工验收：①工程项目按照工程合同规定和设计图纸要求全部施工完毕（生产性工程和辅助性工程已按设计要求建设完成），达到国家规定的质量标准，能够满足生产和使用要求；②交工工程达到窗明、地净、水通、灯亮及采暖通风设备正常运转；③主要工艺设备已安装配套，经联动负荷试车合格，构成生产线，形成生产能力，能够生产出设计文件中所规定的产品；④职工宿舍和其他必要的生活福利设施能适应初期的需要；⑤生产准备工作能适应投产初期的需要；⑥建筑物周围2m以内的场地清理完毕；⑦竣工决算已完成；⑧技术档案资料齐全，符合交工要求。

在坚持竣工验收基本条件的基础上，通常对于具备下列条件的工程项目，也可报请竣工验收：一是房屋室外在住宿小区内的管线已经全部完成，但个别不属承包商施工范围的市政配套设施尚未完成，因而造成房屋尚不能使用的建筑工程，承包商可办理竣工验收手续；二是非工业项目中的房屋工程已建成，只是电梯尚未到货或晚到货而未安装，或虽已安装但不能与房屋同时使用，承包商可办理竣工验收手续；三是工业项目中的房屋建筑已经全部完成，只是因为主要工艺设计变更或主要设备未到货，只剩下设备基础未做，承包商也可办理竣工验收手续。

（二）竣工验收的依据

竣工项目除了必须符合国家规定的竣工标准外，还应该以下列文件作为竣工验收的依据：①项目的可行性研究报告、计划任务书及有关文件；②上级主管部门的有关工程竣工的文件和规定；③业主与承包商签订的工程承包合同（包括合同条款、规范、工程量清单、设计图纸、设计变更、会议纪要等）；④国家现行的施工验收规范；⑤建筑安装工程统计规定；⑥凡属从国外引进的新技术或成套设备的工程项目，除上述文件外，还应按照双方签订的合同和国外提供的设计文件进行验收。

三、竣工验收的内容

项目竣工验收的内容包括提交竣工资料、建设单位组织检查和鉴定、进行设备的单体试车设备测试和办理工程交接手续。

（一）提交竣工资料

在竣工验收时，承包单位应向建设单位提供下列资料：①工程项目开工报告；②工程项目竣工报告；③图纸会审和设计交底纪要；④设计变更通知单；⑤技术变更核实单；⑥工程质量事故发生后调查和处理资料；⑦水准点位置、定位测量记录、沉降及位移观测记录；⑧材料、设备、构件的质量合格证明资料；⑨材料、设备、构件的试验、检验报告；⑩隐蔽工程验收记录及施工日志；⑪设备试车记录；⑫竣工图；⑬质量检验评定资料；⑭未完工程项目一览表（如果有未完工程在交工使用后一段时间内可暂缓交工的项目）。

（二）进行设备的单体试车、无负荷联动试车及有负荷联动试车

①单体试车就是按规程分别对机器和设备进行单体试车。单体试车由承包单位自行组织。②无负荷联动试车就是在单体试车以后，根据设计要求和试车规则进行的。通过无负荷的联动试车检查仪表、设备以及介质的通路，如油路、水路、气路、电路、仪表等是否畅通，有无问题；在规定的时间内，如果未发生问题，就认为试车合格。无负荷联动试车一般由承包单位组织，建设单位、监理工程师等参加。③有负荷联动试车就是在无负荷联动试车合格后，由建设单位组织承包商等参加；近来又以总包主持、安装单位负责、建设单位参加的形式进行的。不论是由谁主持，这种试车都要达到运转正常，生产出合格产品，参数符合规定，才算负荷联动试车合格。

（三）办理工程交接手续

检查鉴定和负荷联动试车合格后，合同双方签订交接验收证书，逐项办理固定资产移交，根据承包合同的规定办理工程决算手续。除注明承担的保修工作内容外，双方的经济关系和法律责任可予以解除。

四、竣工验收的程序

工程项目竣工验收工作范围较广，涉及的单位、部门和人员多，为了有计划、有步骤地做好各项工作，保证竣工验收的顺利进行，按照竣工验收工作的特点和规律，应事先制订出竣工验收进度计划。其基本环节包括以下内容：①承包单位进行竣工验收准备工作，主要任务是围绕着工程实物的硬件方面和工程竣工验收资料的软件方面做好准备；②承包单位内部组织自验收或初步验收；③承包单位提出工程竣工验收申请，报告驻场工程师或业主代表；④工程师（或业主代表）对竣工验收申请做出答复前的预验和核查；⑤正式竣

工验收会议。

五、竣工验收的组织

（一）成立竣工验收委员会或验收组

根据工程规模大小和复杂程度组成验收委员会或验收组，其人员构成应由银行、物资、环保、劳动、统计、消防及其他有关部门的专业技术人员和专家组成。建设主管部门和建设单位（业主）、接管单位、施工单位、勘察设计单位也应参加验收工作。

大、中型和限额以上建设项目及技术改造项目，由国家计委或国家计委委托项目主管部门、地方政府部门组织验收；小型和限额以下建设项目及技术改造项目，由项目主管部门或地方政府部门组织验收。

（二）验收委员会或验收组的职责

验收委员会或验收组的职责包括以下几个方面：①负责审查工程建设的各个环节，听取各有关单位的工作报告。②审阅工程档案资料，实地检验建筑工程和设备安装工程情况。③对工程设计、施工、设备质量、环境保护、安全卫生、消防等方面客观地、实事求是地做出全面的评价。签署验收意见，对遗留问题应提出具体解决方案并限期落实完成。不合格工程不予验收。

第二节　竣工决算

一、竣工决算

（一）竣工决算的概念

竣工决算是指项目竣工后，由建设单位报告项目建设成果和财务状况的总结性文件，是考核其投资效果的依据，也是办理交付、动用、验收的依据。

建设项目竣工决算包括从筹划到竣工投产全过程的全部实际费用，即包括建筑工程费用、安装工程费用、设备工器具购置费用和工程建设其他费用以及预备费等。

项目竣工时，应编制项目竣工决算财务决算。建设周期长、建设内容多的项目，单项工程竣工，具备交付使用条件的，可编制单项工程竣工财务决算。项目全部竣工后应编制竣工财务总决算。

（二）竣工决算的作用

项目竣工后要及时编制竣工决算，竣工决算主要有以下几个方面的作用：

1. 有利于节约建设项目投资

及时编制竣工决算，据此办理新增固定资产移交转账手续，是缩短建设周期，节约基建投资的主要方面。如果有些已具备交付条件或已投产使用的项目迟迟不办理移交手续，不仅不能提取固定资产折旧，并且新发生的维修费、更新改造资金以及生产职工的工资、附加工资等都要在基建投资中开支，既扩大了基本建设支出，也不利于生产管理。

2. 有利于对固定资产的管理

工程竣工决算可作为固定资产价值核定与交付使用的依据，也可作为分析和考核固定资产投资效果的依据。

3. 有利于经济核算

竣工决算可使生产企业正确计算已投入使用的固定资产折旧费，保证产品成本的真实性，合理计算生产成本和企业利益，促使企业加强经营管理，增加盈利。

4. 考核竣工项目概（预）算与基建计划执行情况以及分析投资效果

因为竣工决算反映了竣工项目的实际建设成本、主要原材料消耗、实际建设工期、新增生产能力、占地面积和完工的主要工程量。通过竣工决算的各项费用与设计概算中的费用指标进行比较，分析节约或超支的原因，加强投资管理。

5. 三算对比的依据

三算对比中的设计概算和施工图预算都是人们在建筑施工前不同建设阶段根据有关资料进行计算，确定拟建工程所需要的费用，属于估算范畴，竣工决算所确定的费用是工程实际支出的费用，反映投资效果。

6. 有利于总结建设经验

通过编制竣工决算，全面清理财务，做到工完账清，便于及时总结建设经验，积累各项技术经济资料，不断改进基本建设管理工作，提高投资效果。

（三）竣工结算与竣工决算的关系

建设项目竣工决算是以工程竣工结算为基础进行编制的，是在整个建设项目竣工结算的基础上，加上从筹建开始到工程全部竣工有关基本建设的其他工程费用支出，便构成了建设项目竣工决算的主体。它们的区别主要表现在以下几个方面：

1. 编制单位不同

竣工结算是由施工单位编制的，竣工决算是由建设单位编制的。

2. 编制范围不同

竣工结算主要是针对单位工程编制的，每个单位工程竣工后，便可以进行编制，而竣工决算是针对建设项目编制的，必须在整个建设项目全部竣工后，才可以进行编制。

3. 编制作用不同

竣工结算是建设单位和施工单位结算工程价款的依据，是核对施工企业生产成果和考核工程成本的依据，是建设单位编制建设项目竣工决算的依据；而竣工决算是建设单位考核基本建设投资效果的依据，是正确确定固定资产价值的依据。

（四）竣工决算编制依据

建设项目竣工决算的编制依据包括以下几个方面：①建设项目计划任务书和有关文件；②建设项目总概算书和单项工程综合概算书；③建设项目图纸及说明，其中包括总平面图、建筑工程施工图、安装工程施工图及有关资料；④设计交底和图纸会审会议记录；⑤招标、投标的标底，承包合同及工程结算资料；⑥施工记录或施工签证单及其他施工中发生的费用，例如，索赔报告和记录等；⑦项目竣工图及各种竣工验收资料；⑧设备、材料调价文件和调价记录；⑨历年基建资料、历年财务决算及批复文件；⑩国家和地方主管部门颁发的有关建设工程竣工决算的文件。

（五）竣工决算编制的程序

项目建设完工后，建设单位应及时按照国家有关规定，编制项目竣工决算。其编制程序一般是：

第一，收集、整理和分析有关资料。在编制竣工决算文件前，必须准备一套完整齐全的资料，这是准确、迅速编制竣工决算的必要条件，在工程竣工验收阶段，应注意收集资料，系统地整理所有的技术资料、工程结算的经济文件、施工图纸和各种变更与签证资料，并分析它们的准确性。

第二，清理各项账务、债务和结余物资。在收集、整理和分析有关资料过程中，要特别注意建设项目从筹建到竣工投产的全部费用的各项账务、债务和债权的清理，做到工完账清。对结余的各种材料、工器具和设备要逐项清点核实，妥善管理，并按规定及时处理，收回资金。

第三，分期建设的项目，应根据设计的要求分期办理竣工决算。单项工程竣工后应尽早办理单项工程竣工决算，为建设项目全面竣工决算积累资料。

第四，在实地验收合格的基础上，根据前面所陈述的有关结算的资料写出竣工验收报告，填写有关竣工决算表，编制完成竣工决算。

第五，上报主管部门审批。将决算文件上报主管部门审批，同时抄送有关设计单位。

（六）竣工决算的内容

建设项目竣工决算应包括从筹建到竣工投产全过程的全部实际支出费用，竣工决算由竣工决算报告说明书、竣工决算报表、建设项目竣工图、工程造价比较分析四个部分组成。

1. 竣工财务决算报告说明书

竣工财务决算报告说明书反映竣工项目建设成果和经验，是全面考核工程投资与造价的书面总结文件，是竣工决算报告的重要组成部分，其主要内容包括：①建设项目概况，对工程总的评价。从工程的进度、质量、安全和造价四个方面进行分析说明。对于工程进度主要说明开工和竣工时间、对照合理工期和要求工期是提前还是延期。对于工程质量要根据竣工验收委员会或相当于一级质量监督部门的验收部门的验收评定等级，合格率和优良品率进行说明。对于工程安全要根据劳动工资和施工部门记录，对有无设备和人身事故进行说明。对于工程造价应对照概算造价，说明是节约还是超支，并用金额和百分率进行分析说明。②资金来源及运用等财务分析。主要包括工程价款结算、会计财务的处理、财产物资情况及债权债务的清偿情况。③基本建设收入、投资包干结余、竣工结余资金的上交分配情况。通过对基本建设投资包干情况的分析，说明投资包干数、实际支用数和节约额、投资包干节余的有机构成和包干节余的分配情况。④各项经济技术指标的分析。概算执行情况分析，根据实际投资完成额与概算进行对比分析；新增生产能力分析，说明支付使用财产占总投资额的比例、占支付使用财产的比例，不增加固定资产的造价占投资总额的比例，分析有机构成和成果。⑤工程建设的经验及项目管理和财务管理工作以及竣工财务决算中有待解决的问题。⑥决算和概算的差异及原因分析。⑦需要说明的其他事项。

2. 竣工财务决算报表

竣工财务决算报表根据大中型建设项目和小型建设项目分别制定。大中型项目是指经营性项目投资额在 5000 万元以上、非经营性项目投资额在 3000 万元以上的建设项目。大中型项目竣工财务决算表包括：建设项目竣工财务决算审批表；大中型建设项目概况；大中型建设项目竣工财务决算表、大中型建设项目交付使用资产总表；建设项目交付使用资产明细表。小型建设项目竣工财务决算报表包括建设项目竣工财务决算审批表、竣工财务决算总表、建设项目交付使用资产明细表等。

(1) 建设项目竣工财务决算审批表

表中建设性质按新建、扩建、改建、迁建和恢复建设项目等分类填列。主管部门是指建设单位的主管部门。所有建设项目均须先经开户银行签署意见后，按照有关要求进行报批：中央级小型项目由主管部门签署审批意见；中央级大中型项目报所在地财政监察专员办事机构签署意见后，再由主管部门签署意见报财政部审批；地方级项目由同级财政部门签署审批意见。

已具备竣工验收条件的项目，三个月内应及时填报审批表，如三个月内不办理竣工验收和固定资产移交手续的视同项目已正式投产，其费用不得从基本建设投资中支付，所实现的收入作为经营收入，不再作为基本建设收入管理。

(2) 大中型建设项目概况表

大中型建设项目概况表是反映建设项目总投资、建设起止时间、建设投资支出、新增生产能力、主要材料消耗和主要技术经济指标等方面的设计或概算数以及实际完成的情况。

具体内容和填写要求如下：

建设项目名称、建设地址、主要设计单位和主要施工单位，应按全称填写。

各项目的设计、概算、计划指标是指经批准的设计文件和概算、计划等确定的指标数据。

表中所列新增生产能力、完成主要工程量、主要材料消耗的实际数据，要根据建设单位统计资料和承包人提供的有关成本核算资料中的数据填列。

基建支出是指建设项目从开工起至竣工发生的全部基建支出，包括形成资产价值的交付使用资产，即固定资产、流动资产、无形资产、递延资产支出，以及不形成资产价值按规定应该核销的非经营性项目的待核销基建支出和转出投资。

表中所列“初步设计和概算批准文号”，按最后经批准的文件号填列。

收尾工程是指全部工程项目验收后还遗留的少量收尾工程。在此表中应明确填写收尾工程内容、完成时间、尚需投资额，可根据具体情况进行并加以说明，完工后不再编制竣工决算。

(3) 大中型建设项目竣工财务决算表

大中型建设项目竣工财务决算表反映建设项目的全部资金来源和资金占用情况，是考核和分析投资效果的依据。此表采用平衡表形式，即资金来源合计等于资金支出合计。

资金来源包括基建拨款、项目资本金、项目资本公积金、基建借款、上级拨入投资借款、企业债券资金、待冲基建支出、应付款和未交款以及上级拨入资金和企业留成收入等。

资金支出反映建设项目从开工准备到竣工全过程的资金支出的全面情况。具体内容包括建设支出、应收生产单位投资借款、库存器材、货币资金、有价证券、有价证券和预付及应收款以及拨付所属投资借款和库存固定资产等，资金支出总额等于资金来源总额。

基建结余资金是指竣工时的结余资金，应根据竣工财务决算表中有关项目计算填列，基建结余资金计算公式为：

基建结余资金=基建拨款+项目资本+项目资本公积金+基建借款+

企业债券资金+待冲基建支出-基本基建支出-应收生产单位投资借款

表中“交付使用资产”“预算拨款”“自筹资金拨款”“其他拨款”“项目资本”“基建投资借款”“其他借款”等项目，是指自开工建设至竣工的累计数，上述有关指标根据历年批复的年度基本建设财务决算和竣工年度的基本建设财务决算中资金平衡表相应项目的数字进行汇总填写。

（4）大、中型建设项目交付使用资产总表

交付使用资产总表是反映建设项目建成后，交付使用新增固定资产、流动资产、无形资产和递延资产的全部情况及价值，作为财产交接、检查投资计划完成情况和分析投资效果的依据。小型项目不编制交付使用资产总表，直接编制交付使用资产明细表，大中型项目在编制交付使用资产总表的同时，还须编制交付使用资产明细表。

（5）建设项目交付使用资产明细表

大中型和小型建设项目均要填写此表，该表是交付使用财产总表的具体化，反映交付使用固定资产、流动资产、无形资产和递延资产的详细内容，是使用单位建立资产明细账和登记新增资产价值的依据。

表中“建筑工程”项目应按单项工程名称填列其结构、面积和价值，其中“结构”是指项目按钢结构、钢筋混凝土结构、混合结构等结构形式填写；面积则按各项目实际完成面积填列；价值按交付使用资产的实际价值填列。

表中固定资产部分要逐项盘点填列；工具、器具和家具等低值易耗品，可分类填写。各项合计数应与交付使用资产总表一致。

3. 建设项目竣工图

建设竣工图是真实地记录各种地上地下建筑物、构筑物等情况的技术文件，是工程项目进行交工验收、维护、改建和扩建的依据，是国家的重要技术档案。国家规定：各项新建、扩建、改建拆基本建设工程，特别是基础、地下建筑、管线、结构、井巷、洞室、桥梁、隧道、港口、水坝以及设备安装等隐蔽部位，都要编制竣工图。为确保竣工图质量，必须在施工过程中（不能在竣工后）及时做好隐蔽工程检查记录，整理好设计变更文件。

按图施工没有变动的，由施工单位在原施工图上加盖竣工图标志后即作为竣工图，施工过程中虽有一般性设计变更，但能在原施工图中加以修改补充作为竣工图的可不重新绘制，由施工单位在原施工图上注明修改的部分，附以说明，加盖竣工图标志后，作为竣工图。有重大改变不宜在原施工图上修改补充的，应重新绘制修改后的竣工图，由施工单位在新图上加盖竣工图标志作为竣工图。

4. 工程造价比较分析

在竣工决算报告中必须对控制工程造价所采取的措施、效果以及其动态的变化进行认真的比较分析，总结经验教训。批准的概算是考核建设工程造价的依据，在分析时，可将决算报表中所提供的实际数据和相关资料与批准的概算、预算指标进行对比，以确定竣工项目总造价是节约还是超支，在比较的基础上，总结经验教训，找出原因，以利于改进。

为考核概算执行情况，正确核实建设工程造价，首先，财务部门必须积累概算动态变化资料，如材料价差、设备价差、人工价差、费率价差以及对工程造价有重大影响的设计变更资料；其次，考查竣工形成的实际工程造价节约或超支的数额，为了便于进行比较，可先对比整个项目的总概算，之后对比单项工程的综合概算和其他工程费用概算；最后，再对比单位工程概算，并分别将建筑安装工程、设备、工器具购置和其他基建费用逐一与项目竣工决算编制的实际工程造价进行对比，找出节约或超支的具体环节。实际工作中，应主要分析以下内容：

（1）主要实物工程量

概预算编制的主要实物工程量的增减必然使工程概预算造价和竣工决算实际工程造价随之增减，因此要认真对比分析和审查建设项目的建设规模、结构、标准、工程范围等是否遵循批准的设计文件规定，其中有关变更是否按照规定的程序办理，它们对造价的影响如何。对实物工程量出入较大的项目，还必须查明原因。

（2）主要材料消耗量

在建筑安装工程投资中，材料费一般占直接工程费70%以上，因此考核材料费的消耗是重点。在考核主要材料消耗量时，要按照竣工决算表中所列三大材料实际超概算的消耗量，查清是在哪一个环节超出量最大，并查明超额消耗的原因。

（3）建设单位管理费、建筑安装工程其他直接费、现场经费和间接费

要根据竣工决算报表中所列的建设单位管理费与概预算所列的建设单位管理费数额进行比较，确定其节约或超支数额，并查明原因。对于建筑安装工程其他直接费、现场经费和间接费的费用项目的取费标准，国家和各地均有统一的规定，要按照有关规定查明是否多列费用项目，有无重计、漏计、多计的现象以及增减的原因。

以上所列内容是工程造价对比分析的重点，应侧重分析，但对具体项目应进行具体分

析，究竟选择哪些内容作为考核、分析重点，应因地制宜，视项目的具体情况而定。

（七）竣工决算的编制

竣工决算编制完成后，在建设单位或委托咨询单位自查的基础上，应及时上报主管部门并抄送有关部门审查，必要时，应经有权机关批准的社会审计机构组织的外部审查。大中型建设项目的竣工决算，必须报该建设项目的批准机关审查，并抄送省、自治区、直辖市市财政厅、局和国家财政部审查。

竣工决算的审查一般从以下几方面进行：①审查竣工决算的文字说明是否实事求是，有无掩盖问题的情况；②审查工程建设的设计概算、年度建设计划执行情况、设计变更情况以及是否有超计划的工程和无计划的档案馆所工程，工程增减有无业主与施工企业的双方签证；③审查各项支出是否符合规章制度，有无乱挤乱摊以及扩大开支范围和铺张浪费等问题；④审查报废工程损失、非常损失等项目是否经有权机关批准；⑤审查工程建设历年财务收支是否与开户银行账户收支额相符；⑥审查工程建设拨款、借贷款，交付使用财产应核销投资、转出投资，应核销其他支出等项的金额是否与历年财务决算中有关项目的合计数额相符；⑦应收、应付的每笔款项是否全部结清；⑧工程建设应摊销的费用是否已全部摊销；⑨应退余料是否已清退；⑩审查工程建设有无结余资金和剩余物资，数额是否真实，处理是否符合有关规定等。

二、新增资产价值的确认

（一）新增资产价值的分类

竣工决算是办理交付使用财产价值的依据。正确核定新增资产价值，不但有利于建设项目交付使用后的财务管理，而且可为建设项目经济后评估提供依据。

根据新的财务制度和企业会计准则，新增资产按资产性质可分为固定资产、流动资产、无形资产、其他资产等，不同资产其确认方式也不同。

（二）新增固定资产价值的确定

固定资产是指使用期限在一年及一年以上，单位价值在规定标准以上，并且在使用过程中保持原有物质形态的资产，包括房屋及建筑物、机电设备、运输设备、工具器具等。

新增固定资产是建设项目竣工投产后所增加的固定资产价值，是以价值形态表示的固定资产投资最终成果的综合性指标。新增固定资产包括已经投入生产或交付使用的建筑安装工程造价、达到固定资产标准的设备工器具的购置费用、增加固定资产价值的其他费用，包括土地征用及迁移补偿费、联合试运转费、勘察设计费、项目可行性研究费、施工机构迁移费、报废工程损失、建设单位管理费等。

新增固定资产价值的计算应以单项工程为对象，单项工程建成经有关部门验收鉴定合格后，正式移交生产或使用，即应计算其新增固定资产价值。一次性交付生产或使用的工程一次计算新增固定资产价值，分期、分批交付生产或使用的工程，应分期、分批计算新增固定资产价值。

计算新增加固定资产价值时应注意以下几种情况：

对于为了提高产品质量、改善劳动条件、节约材料消耗、保护环境而建设的附属辅助工程，只要全部建成，正式验收或交付使用后就要计入新增固定资产价值。

对于单项工程中不构成生产系统，但能独立发挥效益的非生产性工程，如住宅、食堂、医务所、托儿所、生活服务网点等，在建成并交付使用后，也要计算新增固定资产价值。

凡购置达到固定资产标准无须安装的设备、工器具，应在交付使用后计入新增固定资产价值。

属于新增固定资产的其他投资，应随同受益工程交付使用时一并计入。

（三）流动资产价值的确定

流动资产是指可以在一年内或超过一年的一个营业周期内变现或者运用的资产，包括现金及各种存货、应收及预付款项等。

①货币资金：现金、银行存款和其他货币资金（包括在外埠存款、还未收到的在途资金、银行汇票和本票等资金)，一律按实际入账价值核定计入流动资产。②应收及预付款项，包括应收票据、应收账款、其他应收款、预付货款和待摊费用。一般情况下，应收及预付款项按企业销售商品、产品或提供劳务时的实际成交金额入账核算。③各种存货应按照取得时的实际成本计价。存货的形成主要有外购和自制两种途径，外购的按照买价加运输费、装卸费、保险费、途中合理损耗、入库前加工、整理及挑选费用以及缴纳的税金等计价；自制的，按照制造过程中的各项实际支出计价。④短期投资包括股票、债券、基金。股票和债券根据是否可以上市流通分别采用市场法和收益法确定其价值。

（四）无形资产价值的确定

无形资产是指企业长期使用但不具有实物形态的资产，包括专利权、商标权、著作权、土地使用权、非专利技术、商誉等。无形资产的计价，原则上应按取得时的实际成本计价。企业取得无形资产的途径不同，所发生的支出不一样，无形资产的计价也不相同。新财务制度按下列原则来确定无形资产的价值：

投资者将无形资产作为资本金或者合作条件投入的，按照评估确认或合同协议约定的金额计价；购入的无形资产，按照实际支付的价款计价；企业自创并依法申请取得的，按开发过程中的实际支出计价；企业接受捐赠的无形资产按照发票账单所写金额或者同类无形资产市场价作价。

由于无形资产很多，不同的无形资产其计价也不同。

1. 专利权的计价

专利权分为自创和外购两类。对于自创专利权，其价值为开发过程中的实际支出，主要包括专利的研究开发费用、专利登记费用、专利年费和法律诉讼费等各项费用；外购专利权的费用主要包括转让价格和手续费，由于专利是具有专有性并能带来超额利润的生产要素，因而其转让价格不按其成本估价，而是依据其所能带来的超额收益来估价。

2. 非专利技术的计价

如果非专利技术是自创的，一般不得作为无形资产入账，自创过程中发生的费用，新财务制度允许做当期费用处理，这是因为非专利技术自创时难以确定是否成功，这样处理符合稳健性原则。购入非专利技术时，应由法定评估机构确认后再进一步估价，往往通过其产生的收益来进行估价，其基本思路同专利权的计价方法。

3. 商标权的计价

如果是自创的，尽管商标设计、制作注册和保护、广告宣传都要花费一定的费用，但它们一般不作为无形资产入账，而直接作为销售费用计入当期损益。只有当企业购入和转让商标时，才需要对商标权计价，商标权的计价一般根据被许可方新增的收益来确定。

4. 土地使用权的计价

根据取得土地使用权的方式，计价有两种情况：一种是建设单位向土地管理部门申请土地使用权并为之支付一笔出让金，在这种情况下，应作为无形资产进行核算；另一种是建设单位获得土地使用权是原先通过行政划拨的，这时就不能作为无形资产核算，只有在将土地使用权有偿转让、出租、抵押、作价入股和投资，按规定补交土地出让价款时，才能作为无形资产核算。

（五）其他资产价值的确定

其他资产是指不能全部计入当年损益，应在以后年度内分期摊销的各项费用，包括开办费、租入固定资产的改良支出等。

1. 开办费的计价

开办费指在筹建期间发生的费用，包括筹建期间人员工资、办公费、培训费、差旅费、印刷费、注册登记费以及不计入固定资产和无形资产购建成本的汇兑损益、利息等支出。根据新财务制度的规定，除了筹建期间不计入资产价值的汇兑净损失外，开办费从企业开始生产经营月份的次月起，按照不短于五年的期限平均摊入管理费用。

2. 以经营租赁方式租入的固定资产改良工程支出的计价

以经营租赁方式租入的固定资产改良工程支出应在租赁有效期限内分期摊入制造费用或管理费用中。

其他资产包括特准储备物资等，主要以实际入账价值核算。

第三节　质量保证金的处理

一、缺陷责任期的概念和期限

（一）缺陷责任期的概念

缺陷责任期是指承包人对已交付使用的合同工程承担合同约定的缺陷修复责任的期限，其实质就是预留质保金的一个期限，一般由发承包双方在合同中约定。

根据国务院颁布的《建设工程质量管理条例》规定，建设工程承包单位在向建设单位提交工程竣工验收报告时，应向建设单位出具质量保修书，质量保修书中应明确建设工程的保修范围、保修期限和保修责任等。

保修期是发承包双方在工程质量保修书中约定的期限。保修期自实际竣工日期起计算。保修的期限按照保证建筑物合理寿命期内正常使用、维护使用者合法权益的原则确定。

根据《建设工程质量管理条例》，建设工程的保修期限为：①基础设施工程、房屋建筑的地基基础工程和主体结构工程，为设计文件规定的该工程的合理使用年限；②屋面防水工程、有防水要求的卫生间、房间和外墙面的防渗漏，为 5 年；③供热与供冷系统，为 2 个采暖期、供冷期；④电气管线、给排水管道、设备安装和装修工程，为 2 年。

（二）缺陷责任期的期限

缺陷责任期一般为 6 个月、12 个月或 24 个月，具体可由发承包双方在合同中约定。

缺陷责任期从工程通过竣工验收之日起计。承包人原因导致工程无法按规定期限进行竣工验收的，缺陷责任期从实际通过竣工验收之日起计；发包人原因导致工程无法按规定期限进行竣工验收的，在承包人提交竣工验收报告 90 日后，工程自动进入缺陷责任期。

（三）缺陷责任期内的维修及费用承担

1. 保修责任

缺陷责任期内，属于保修范围、内容的项目，承包人应当在接到保修通知之日起七天内派人保修。发生紧急抢修事故的，承包人在接到事故通知后，应当立即到达事故现场抢修。质量保修完成后，由发包人组织验收。

2. 费用承担

他人及不可抗力原因造成的缺陷，发包人负责维修，承包人不承担费用，且发包人不得从保证金中扣除费用。如发包人委托承包人维修的，发包人应该支付相应的维修费用。

发承包双方就缺陷责任有争议时，可以请有资质的单位进行鉴定，责任方承担鉴定费用并承担维修费用。

缺陷责任期内，承包人原因造成的缺陷，承包人应负责维修，并承担鉴定及维修费用，如承包人不维修也不承担费用，发包人可按合同约定扣除保留金，并由承包人承担违约责任。承包人维修并承担相应费用后，不免除对工程的一般损失赔偿责任。

二、质量保证金的使用及返还

（一）质量保证金的含义

建设工程质量保证金（以下简称保证金）是指发包人和承包人在建设工程承包合同中约定，从应付的工程款中预留，用以保证承包人在缺陷责任期（质量保修期）内对建设工程出现的缺陷进行维修的资金。缺陷是指建设工程质量不符合工程建设强制标准、设计文件以及承包合同的约定。

（二）质量保证金预留及管理

发包人应按照合同约定的质量保证金比例从结算款中扣留质量保证金。全部或部分使用政府投资的建设项目，按工程价款结算总额 5% 左右的比例预留保证金，社会投资项目采用预留保证金方式的，预留保证金的比例可以参照执行。

缺陷责任期内，实行国库集中支付的政府投资项目，保证金的管理按照国库集中支付的有关规定执行。其他政府投资项目，保证金可以预留在财政部门或发包方。社会投资项目采用预留保证金方式的，发承包双方可以约定将保证金交由金融机构托管；采用工程质量保证担保、工程质量保险等其他方式的，发包人不得再预留保证金，并按照有关规定执行。

承包人未按照合同约定履行属于自身责任的工程缺陷修复义务的，发包人有权从质量保证金中扣留用于缺陷修复的各项支出。

（三）质量保证金的返还

在合同约定的缺陷责任期终止后的 14 天内，发包人应将剩余的质量保证金返还给承包人。剩余质量保证金的返还，并不能免除承包人按照合同约定应承担的质量保修责任和应履行的质量保修义务。

第四节　建设项目后评价阶段工程造价管理

一、项目后评价的概念和特点

（一）项目后评价的概念

广义的后评价是对过去的活动或现在正在进行的活动进行回顾、审查，是对某项具体决策或一组决策的结果进行评价的活动。后评价包括宏观和微观两个层面。宏观层面是对整个国民经济、某一部门或经济活动中某一方面进行评价，微观层面是对某个项目或一组项目规划进行评价。

项目后评价是微观层面上的概念，它是指在项目建成投产运营一段时间后，对项目的立项决策、建设目标、设计施工、竣工验收、生产经营全过程所进行的系统综合分析及对项目产生的财务、经济、社会和环境等方面的效益和影响及其持续性进行客观全面的再评价。通过项目后评价，全面总结投资项目的决策、实施和运营情况，分析项目的技术、经济、社会、环境影响，考察项目投资决策的正确性以及投资项目达到理想效果的程度，把后评价信息反馈到未来项目中去，为新的项目宏观导向、政策和管理程序反馈信息；同时分析项目在决策、实施、经营中出现的问题，总结经验教训，并提出改进意见与对策，从而达到提高投资效益的目的。

（二）项目后评价特点

项目后评价与前评价相比，一般具有以下特点：

1. 广泛性

任何大中型投资项目一般综合性都比较强，如兴建一个电力企业，其投资领域极其广泛，按工作内容分，包括电力的生产、输送、分配等；按建设性质分，包括基础性建设、公益性建设、竞争性建设等。因此，后评价涉及的内容一般较多，范围较广，评价过程中运用的学科知识和方法也就极其广泛，对后评价人员的素质要求较高。

2. 特殊性

不同的投资项目，后评价的内容也各不相同，具有各自的特殊性。如电力企业以生产电力为主，大量的投资是用于电力工程新建、改造等项目，这类项目投资多、风险大，因而后评价必须有重点有针对地进行，才能起到监控投资决策、提高投资效益的目的。

3. 全面性

项目后评价需要对项目投资全过程和投产运营过程进行全面分析，从项目经济效益、社会效益和环境影响等诸多方面进行全面评价，所需的资料要收集齐全，包括设计任务书、计划任务书、前期论证、概（预）算、计划、项目施工情况的实际资料以及投产运营情况等资料。

4. 反馈性

项目后评价的最主要特点是具有反馈性。通过建立项目管理信息系统，对项目各个阶段的信息进行交流和反馈，为后评价提供资料，同时也把项目后评价的结果反馈到决策部门，作为新项目的立项和评估的基础，以及调整投资规划和政策的依据。

二、项目后评价阶段的工程造价考核指标

项目后评价阶段主要通过一些指标的计算和对比来分析项目实施中的造价偏差，从而衡量项目实际建设效果。

（一）项目前期和实施阶段后评估指标

1. 实际项目决策周期变化率

实际项目决策周期变化率表示实际项目周期与预计项目决策周期相比的变化程度，计算公式为：

$$项目决策周期变化率=\frac{实际项目决策周期-预计项目决策周期}{预计项目决策周期}\times 100\%$$

2. 竣工项目定额周期率

竣工项目定额周期率反映项目实际建设工期与国家统一制定的定额工期或确定计划安排的计划工期的偏离程度，计算公式为：

$$竣工项目定额周期率=\frac{竣工项目实际工期}{竣工项目计划工期}\times 100\%$$

3. 实际建设成本变化率

实际成本变化率反映项目实际建设成本与批准预算所规定的建设成本的偏离程度，计算公式为：

$$实际项目成本变化率=\frac{实际建设成本-预计建设成本}{预计建设成本}\times 100\%$$

4. 实际投资总额变化率

实际投资总额变化率反映实际投资总额与项目前评估中预计的投资总额偏差的大小，计算公式为：

$$实际投资总额变化率=\frac{实际投资总额-预计投资总额}{预计投资成本}\times 100\%$$

（二）项目营运阶段后评估指标

1. 实际单位生产能力投资

实际单位生产能力投资反映竣工项目的实际投资效果，计算公式为：

$$实际单位生产能力投资=\frac{竣工验收项目实际投资总额}{竣工验收项目实际生产能力}$$

2. 实际投资利润率

实际投资利润率是指项目达到实际生产后的年实际利润总额与项目实际投资的比率，也是反映建设项目投资效果的一个重要指标，计算公式为：

$$实际投资利润率=\frac{实际投资利润}{实际投资总额}\times 100\%$$

3. 实际投资利润变化率

实际投资利润变化率反映项目实际投资利润率与预测投资利润率的偏差，计算公式为：

$$实际投资利润变化率=\frac{实际投资利润率-预计投资利润率}{预计投资利润率}\times 100\%$$

4. 实际净现值（RNPV）

实际净现值（RNPV）是反映项目生命周期内获利能力的动态评价指标，表示项目投产后在一定基准折现率下的净现值，计算公式为：

$$RNPV = \sum_{t=0}^{n} \frac{RCI - RCO}{(1 + i_k)^t}$$

式中：RNPV——实际净现值；

RCI——项目实际净现金流入；

RCO——项目实际净现金流出；

i_k——根据实际情况确定的折现率；

n——项目生命周期。

5. 实际内部收益率（RIRR）

实际内部收益率（RIRR）是根据项目实际发生的净现金流计算的各年净现金流量现值为零的折现率，计算公式为：

$$\sum_{i=0}^{n} \frac{RCI - RCO}{(1 + RIRR)^t} = 0$$

参考文献

[1] 唐明怡，石志锋．建筑工程造价［M］．北京：北京理工大学出版社，2017.

[2] 卜龙章．装饰工程造价［M］．第 4 版．南京：东南大学出版社，2017.

[3] 郭一斌，段永辉．工程造价（土建方向）［M］．郑州：黄河水利出版社，2017.

[4] 李栋国，马洪建．公路工程与造价［M］．武汉：武汉大学出版社，2017.

[5] 何俊，韩冬梅，陈文江．水利工程造价［M］．武汉：华中科技大学出版社，2017.

[6] 葛晶，夏凯，马志新．建筑结构设计与工程造价［M］．成都：电子科技大学出版社，2017.

[7] 程鸿群，姬晓辉，陆菊春．工程造价管理［M］．武汉：武汉大学出版社，2017.

[8] 周美容，朱再英，付德成．工程造价概论：双色版［M］．上海：上海交通大学出版社，2017.

[9] 任彦华，董自才．工程造价管理［M］．成都：西南交通大学出版社，2017.

[10] 陈建国．工程计量与造价管理［M］．第 4 版．上海：同济大学出版社，2017.

[11] 尤朝阳．建筑安装工程造价［M］．南京：东南大学出版社，2018.

[12] 张振明．工程造价咨询实务［M］．厦门：厦门大学出版社，2018.

[13] 李华东，王艳梅．工程造价控制［M］．成都：西南交通大学出版社，2018.

[14] 申玲，戚建明．工程造价计价［M］．第 5 版．北京：知识产权出版社，2018.

[15] 马伟芳．智能工程造价［M］．北京：中国财富出版社，2018.

[16] 郭红侠，赵春红．建设工程造价概论［M］．北京：北京理工大学出版社，2018.

[17] 于洋，杨敏，叶治军．工程造价管理［M］．成都：电子科技大学出版社，2018.

[18] 李艳玲，陈强．建设工程造价管理实务［M］．北京：北京理工大学出版社，2018.

[19] 杨渝青．建筑工程管理与造价的 BIM 应用研究［M］．长春：东北师范大学出版社，2018.

[20] 陈雨，陈世辉．工程建设项目全过程造价控制研究［M］．北京：北京理工大学出

版社，2018.

［21］苏海花，周文波，杨青．工程造价基础［M］．沈阳：辽宁人民出版社，2019.

［22］李颖．工程造价控制［M］．武汉：武汉理工大学出版社，2019.

［23］杨峥，沈钦超，陈乾．工程造价与管理［M］．长春：吉林科学技术出版社，2019.

［24］王忠诚，齐亚丽．工程造价控制与管理［M］．北京：北京理工大学出版社，2019.

［25］郭俊雄，韩玉麒．建设工程造价［M］．成都：西南交通大学出版社，2019.

［26］赵庆华．工程造价审核与鉴定［M］．南京：东南大学出版社，2019.

［27］汪和平，王付宇，李艳．工程造价管理［M］．北京：机械工业出版社，2019.

［28］蔡明俐，李晋旭．工程造价管理与控制［M］．武汉：华中科技大学出版社，2020.

［29］李玲，李文琴．工程造价概论［M］．第 2 版．西安：西安电子科技大学出版社，2020.

［30］王晓芳，计富元．市政工程造价［M］．北京：机械工业出版社，2020.

［31］关永冰，谷莹莹，方业博．工程造价管理［M］．第 2 版．北京：北京理工大学出版社，2020.